JN146655

植物は〈未来〉を知っている

9つの能力から芽生えるテクノロジー革命

ステファノ・マンクーゾ
Stefano Mancuso
久保耕司 訳
Koji Kubo

PLANT REVOLUTION
Le piante hanno già inventato il nostro futuro

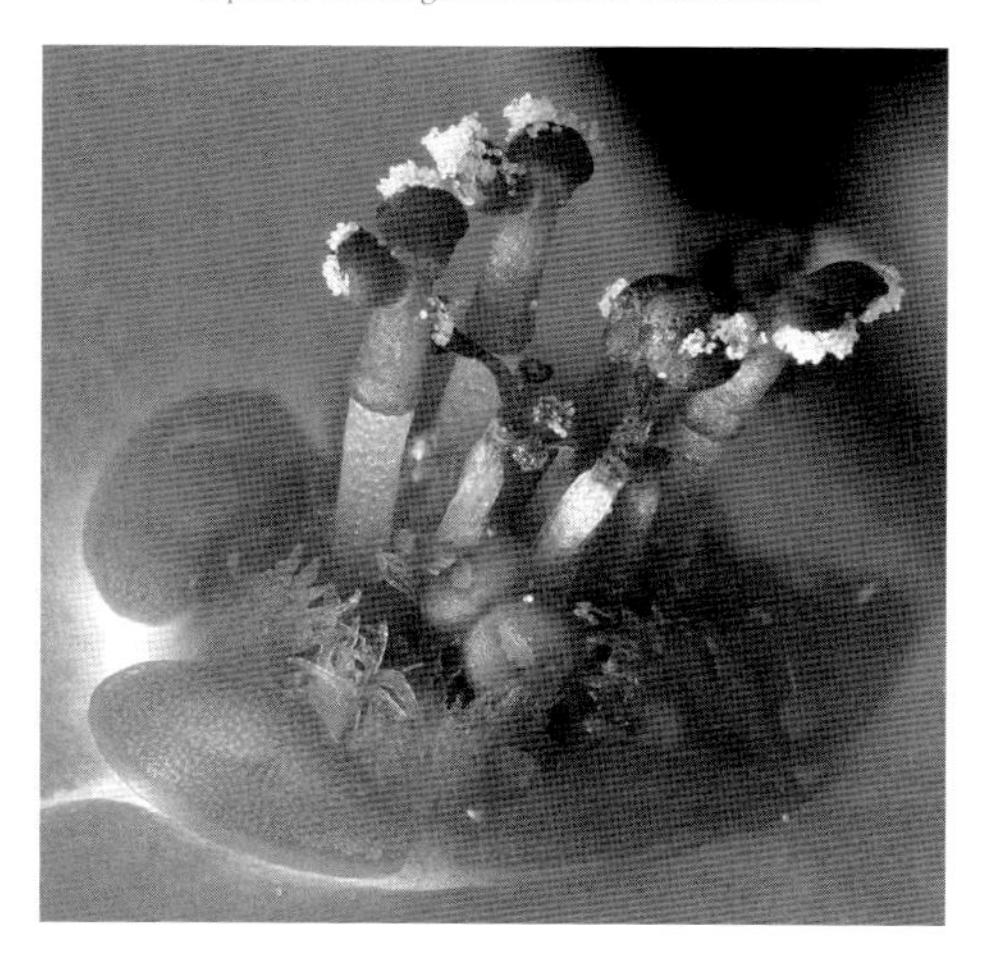

NHK出版

装幀　加藤愛子（オフィスキントン）

アンニーナへ

もくじ

●本文中、（　）は原注、〔　〕は訳注を表す。
＊は章末の傍注を参照のこと。
また、書名は、未邦訳のものは初出に原題とその逐語訳を併記した。

カエデは乾いた実をつける。それは翼果（よくか）と呼ばれ、風に飛ばされやすいように羽のような薄い付属物がついている。

はじめに

植物は人間の生活になくてはならない存在だ。

ところが、そのことに多くの人は気づいていない。もちろん、植物がつくりだす酸素のおかげで呼吸していることや、食物連鎖の土台が植物だということ、つまり、植物が地球上のあらゆる動物を養っていることは、だれもが知っている。少なくとも私はそう願っている。けれども、石油、石炭、天然ガスといった、いわゆる再生不可能なエネルギー資源はすべて、もとはといえば数億年まえに植物によって蓄えられた太陽エネルギーであると知っている人は、はたしてどれぐらいいるのだろうか？　薬の有効成分の大半は植物由来のものだと、どれだけの人が知っているのだろう？　木材はその驚くべき特徴から、今なお世界じゅうでもっともよく使用されている建築材だということは？　このように、私たち人間の生活は、地球上のほかの動物と同じように植物に依存している。

人類の生存にとって、そしてほとんどの経済活動にとっても植物はこれほど大事な存在だが、私たちがそのすべてを知っているかといえば、まったくそんなことはない。たとえば、二〇一五年の一年間だけで、二千三十四の新種の植物が発見された。植物学者でさえ見逃してしまうような顕微鏡レベルの微小な植物の話ではない。新種の一つ、ジルベルティオデンドロン・マキシマム（*Gilbertiodendron maximum*）は、アフリカ、ガボンの多雨林固有の樹木だが、高さは約四五メートル、幹の直径は一メートル半に達することもあり、一本の木の全重量は一〇〇トンを超える。二〇一五年が特別なわけではなく、この十年のあいだ、毎年二千種以上の新種が発見されている。

どんな植物が発見されるのかは予想もつかない。それだけに、新しい植物を研究するのはすばらしい仕事だ。人間が活用している植物の種類は三万一千種以上にものぼる。そのうち一万八千種は医療目的で、六千種は食物として、一万一千種は建築用の繊維や資材として、千三百種は社会的な目的（宗教的な使用やドラッグをふくむ）で、千六百種はエネルギー資源として、四千種は動物の餌として、八千種は環境目的で、二万五千種は毒物として使用されている。ざっと計算してみると、全植物種の約十分の一が人間によって直接利用されていることになる。こう考えると、新種の植物を研究することは、たしかにすばらしい。しかし、何かをつくる材料としてだけではなく、何かを学ぶためにも植物を利用できるとしたら、植物の研究はさらにすばらしいものになるのではないだろうか。

実際、植物は、私たちが生きる現代という時代にふさわしい〝モデル〟だ。本書の目的は、まさにその点を明らかにすることにある。何かをつくる材料からエネルギーの自給自足まで、また環境に対する抵抗力から適応戦略まで、植物は私たち人間が抱えるさまざまな問題に対してはるか昔から優れた解決策を見つけていた。植物についてほんの少し知るだけでも、そのことがわかるだろう。

植物は、十億年まえから四億年まえまでの期間に、動物とは正反対の決定をくだした。動物が、必要な栄養物を見つけるために移動することを選択したいっぽうで、植物は動かないことを選び、生存に必要なエネルギーを太陽から手に入れることにした。そして、捕食者や、地面に根づくことによる多くの制約に対抗するため、自らを適応させていったのだ。これは生やさしいことではない。考えてみてほしい。厳しい環境のなかで、動けないまま生きるのがどれほどたいへんなことか。昆虫や草食動物といったさまざまな捕食者に囲まれて逃げ出すことのできないようすを想像してみてほしい。生き残るためのただ一つの方法は、破壊をまぬがれる体をもつこと。つまり、動物とはまったくちがうやり方で体をつくりあげること、ほかの生き物とはまったくちがう、まさに〝植物〟になることだったのだ。

植物は、捕食されずに生き延びるため、奇妙で独特な進化の道を進み、動物とはまったくちがう技(わざ)を磨いてきた。そのため、私たち人間とは異質な存在になった。エイリアンといってもいいくらい、植物は人間とはかけ離れた生き物である。植物が磨いてきた戦略は、動物が考え出したものとは正反対だった。つまり、動物界で白いものは植物にとっては黒い。逆に動物が黒なら植物は白だ。動物は移動するが、植物は止まったまま。動物は速いが、植物は遅い。動物は消費するが、植物は生産する。動物は二酸化炭素を発生させるが、植物は二酸化炭素を吸収する……。しかし、もっとも重要であるにもかかわらず、もっとも知られていないちがいがある。それは、〝集中〟と〝分散〟というちがいだ。動物では各器官に集中している機能が、植物では全身に分散している。これこそが動物と植物の根本的なちがいなのだが、それがどういう結果をもたらすのかをきちんと理解するのは難しい。いずれにしても、これほどまでにちがう構造こそが、植物と人間がこれほどちがって見える原因の一つなのだ。

　私たち人間は何かをつくろうとするとき、自らがそなえている機能を何かで〝代用〟する、〝拡張〟する、あるいは〝改良〟するという方法をとってきた。実際、人間が道具を発明する場合には、つねに人間もふくめた動物の身体組織がもつ大事な要素をまねしようとする。コンピューターを例に考えてみよう。コンピューターの設計には、原型となる基本構成がある。プロセッサーは脳の代理を果たし、ハードウェアを制御する機能をもつ。それから、ハードディスク、RAM、ビデオカードやオーディオカード……。これらはどれも、人間の身体の器官を人工的に置きかえたものにすぎない。人間が設計するものはこうした構造をもつことが多い。つまり、中心に制御するための脳が存在し、脳の命令を実行するために諸器官があるという構造だ。人間の社会も、これと同じヒエラルキーにもとづく中央集権的な古くさい図式で構築されている。このモデルの唯一のメリットは、迅速に反応できる点だ。ただし、迅速なだけで、いつも正しい反応をしているわけではない。また、このモデルは非常に脆弱（ぜいじゃく）で、何一つ新しいものを生みだささない。

ところが植物は、中心的器官である脳をもたなくても、動物以上の感度で周囲の環境を知ることができる。そして、土壌と空気のなかの限られた資源を手に入れるために、植物どうしで活発な競争を行なっている。さらに、環境の状態を正確に把握し、コストと利益のバランスを抜かりなく分析したうえで、環境からの刺激に応じて、適切な振る舞いを決定し、それを実行するのだ。植物が選んだ道は、動物が選んだ道とはちがう、もう一つの重要な道である。植物には、変化を知覚しながら、新たな解決方法を準備する傾向があり、このことはとくに注目に値する。

そもそも、中央集権的な組織とは、どんなものであれ本質的に脆弱だ。一五一九年四月二十二日、スペインの征服者（コンキスタドール）エルナン・コルテスは、百名の船員、約五百名の兵士、何頭かの馬とともに、（今日の）メキシコのベラクルス近くに上陸した。それから二年後の一五二一年八月十三日、首都テノチティトランは陥落、アステカ文明は滅びた。さらに一五三三年、フランシスコ・ピサロの手によってインカにも同じ運命がもたらされる。どちらのケースでも、何世紀にもわたって続いていた大帝国が小規模の軍隊にあっけなく滅ぼされた。モクテスマとアタワルパという君主が捕らえられてしまったためだ。このように中央集権的なシステムはあっという間に滅びてしまう。ところが、テノチティトランの北、数百キロメートルの地帯に暮らしていたアパッチ族は、アステカほど進歩してはいなかったものの、中央集権的な権力をまったくそなえていなかったため、戦争が長く続いたにもかかわらず、エルナン・コルテスに負けることはなかった。

植物は、動物よりもはるかに強い耐久性をもつ現代的なモデルであり、堅固さと柔軟さとが結びついた生けるシンボルだ。植物のもつモジュール構造〔たくさんの構成要素が機能的にまとまった構造で、各部分は交換可能〕は、現代という時代にもっとも必要なものといえるだろう。植物は、制御センターをもたず、互いが協力する分散構造をそなえ、くり返される大災害にも完璧に耐え、環境の大変動にもすぐさま適応することができる。

その体の複雑な組織とおもな機能を支えるのは、発達した感覚系だ。感覚系によって、環境を効率よく調査し、被害をもたらしかねない出来事に対して迅速に反応することができる。たえず成長しつづける根の先端の優れたネットワークを活用し、環境資源を利用するために土壌を精力的に調査するのだ。現代のシンボルであるインターネットが、植物の根に似た構造をしているのは偶然ではない。

頑丈でしかも革新的だという点で、植物に勝る生き物はいない。動物とは大きくちがう方法で進化したおかげで、植物は非常に現代的な生き物になったのだ。

人類が未来を計画するときには、そのことを頭に入れておくべきだろう。

第1章
記憶力
～脳がなくても記憶できる

私たち人間は、地面から上に出ている部分だけが植物だと考えがちだ。だが実際は、植物の体の半分以上が根である。根の部分こそが興味深い。

記憶力：外的刺激の経験とそれに対する自らの反応に関して、ほぼ完璧な痕跡を保存しつづける能力。一般的に多くの生物に共通してそなわっている。

（『トレッカーニ イタリア語辞典（*Il vocabolario della lingua italiana Treccani*）』）

知性は妻で、想像力は愛人で、記憶力は召し使いだ。

（ヴィクトル・ユーゴー『わが生活の追伸（*Post-scriptum de ma vie*）』）

われらは巨大な記憶力をもつ。それは知らぬ間にわれらの内にある。

（ドゥニ・ディドロ）

動物と植物、経験から学ぶのはどちら？

私は長いあいだ、〝植物の知性〟の研究を手がけてきたが（前作『植物は〈知性〉をもっている』（NHK出版）参照）、そのなかで、〝植物の記憶力〟というのは避けて通ることのできないテーマだった。

〝植物の記憶力〟。奇妙に聞こえるかもしれないが、少し考えてみてほしい。知性とは、ある一つの器官の働きによって生まれるのではなく、生命にもともとそなわるものだ。脳のあるなしは関係ない。この点については簡単に想像がつくと思う。

大脳とは、ごく一部の生物——ごく一部の動物だけで発達した〝偶然の産物〟にすぎない。その証拠が植物だ。植物をはじめとする多くの生き物は、専用の器官をもっていないにもかかわらず、知性を発達させた。いっぽう、私には、何らかの記憶力を伴わない知性など、想像できない。

記憶力は知性とは別物とはいえ、記憶力がなければ、学ぶことはできず、学習は知性の必要条件の一つである。知性をそなえた存在が、くり返し同じタイプの問題にぶつかっているのに、より効果的な対応方法を見つけようとしないわけがない。

もちろん、人間は、同じ問題に対して、効果のないやり方をくり返すことがよくある。あなたのまわりにも、ちっとも効果のないやり方を一向に変えようとしない知り合いや親戚がいることだろう。けれども、彼らが対応を改善しようとしないというのは、ただの印象にすぎない。一般的に生物は経験から学びとることができるからだ（精神疾患が疑われる多くの例外的なケースや特別な場合は除く）。植物もこの黄金律からけっして外れてはいない。同じ問題がくり返し現れると、以前よりさらに適切な方法で対処する。こうしたことは、障害を克服するための重要な情報を保持する能力、すなわち〝記憶力〟がなくてはできない。

だからといって、動物が脳を使って行なっていることを、植物も記憶力を使って行なっているのだと公然と主張する研究者は、私以外には存在しないだろう。植物には脳がないため、植物の記憶力について語ろうとすると、たいていは《環境馴化》（生物が気候などの異なる新しい地域へ移住、移動した場合、生理的にその環境に順応していくこと）や《その他の刺激に対する馴化》といった特殊な用語が使われる。どちらの用語も、科学者たちが、〝記憶力〟という昔ながらの便利で素朴な言葉を使わないために長年使用してきた、綱渡りのような巧い言いまわしだ。

だが、実際、どんな植物も経験から学ぶ力をもっている。つまり、記憶のメカニズムをそなえている。一例をあげてみよう。何かの植物、たとえばオリーブが、旱魃（かんばつ）や塩害のようなストレスをこうむったとしよう。すると、そうした災害に反応し、生き延びるために自分自身の組織構造と物質代謝を修正しはじめる。ここまではご理解いただけるだろうか？　では、一定期間、同じ刺激を、場合によってはさらに強い刺激をくり返し与えるとどうなるか？　驚きの結果が出る。データから、ストレスに対して以前よりも上手に反応していることが判明した。つまり、経験から学んだのだ！　植物は、役に立つ解決方法の情報をどこかに保存しておき、必要になると急いでそれを呼び出し、より効果的かつ的確な方法で反応する。

ようするに、学習し、記憶のなかによりよい対応のしかたを保存しておき、それによって、生き残る可能性を高めているのだ。

オジギソウの風変わりな実験

動物とよく似ている植物の特徴（知性、コミュニケーション能力、防衛戦略を練り上げる能力、さまざまな挙動など）については、これまで研究が積み重ねられてきた。その歴史はさほど長くはないものの、研究内容はしっかりしている。記憶力についての比較実験がはじまったのもかなり最近になってからだ。

記憶力の実験に最初に取り組んだのは、たいへん重要な人物で、名をラマルクという。フランス人で、本名はジャン＝バティスト・ピエール・アントワーヌ・ド・モネ、シュヴァリエ・ド・ラマルク（一七四四～一八二九年）。彼の科学者としての活動は、このフルネームの長さと同じぐらい並外れている。生物学の父と呼ばれ――文字どおり、彼は《biology（生物学）》という言葉を創り出した――当時のほかの自然科学者と同じく植物の生活に関心を抱いた。

とくに惹かれたのは、オジギソウと呼ばれる植物によく見られるすばやい運動現象だった。とりわけ、オジギソウの葉が閉じる精緻な仕組みに強い関心を抱き、いったい何がそういう運動を引き起こすのかを解き明かすために、研究時間の多くを費やした。だが、その点については、いまもなおはっきりとした答えは出ていない。

オジギソウはだれでも知っているだろう。今日ではスーパーマーケットでも売られている。見たことのない人はほとんどいないと思うが、はじめて目にしたときには、愛らしくも異様な植物に見えるのではないだろうか。触れられるなどの外的刺激を受けると、その名のとおり、とても恥ずかしそうに葉を閉じる〔オジギソウをさす名詞であるフランス語のサンシティフ、イタリア語のセンシティヴァは、「感じやすい」という形容詞でもある。〕。瞬時にこのような反応をする植物は世界でも珍しく、アメリカ大陸の熱帯地方原産のオジギソウが、はじめてヨーロッパにもちこまれたときには、大きな話題になった。細胞を観察して絵に描いた最初の人物といわれる、イギリスの有名な物理学者ロバート・フック（一六三五～一七〇三年）や、細胞生物学の父とされるフランスの医者アンリ・デュトロシェ（一七七六～一八四七年）のような科学者も、オジギソウに夢中になった。長いあいだ、オジギソウはまさしく生物学界のスターだった。

この魅力には、われらが騎士(シュヴァリエ)、ラマルクでさえ抗えなかった。ラマルクはオジギソウの研究にのめりこみ、数えきれないほどたくさんの実験を行ない、極端な状況を設定しては、オジギソウがどんな反応を見せるのかを調べた。とくにラマルクを驚かせたオジギソウの特殊な性質がある。同じ刺激がくり返されると、ある時点で葉が反応しなくなり、その後は無視するようになるという性質だ。ラマルクはこの反応停止を〝疲労〟のせいではないかと考えたが、その説は正しかった。つまり、何度も葉の開閉をくり返すと、やがて葉を動かすエネルギーがなくなってしまうのだ。動物の筋肉に起こる現象と同じである。動物は体を無限に動かすことはできず、使用できるエネルギーの量には限界がある。オジギソウもそうだ。だが、オジギソウの場合、いつも〝疲労〟が原因というわけではない。

ラマルクは、同じ刺激をずっと続けていると、ときにはエネルギーを使い果たすよりもまえに葉を閉じなくなることがあると気づき、頭を抱えてしまった。その理由がどうしてもわからなかったからだ。ところが、フランスの植物学者、ルネ・デフォンテーヌ（一七五〇～一八三三年）が行なった独創的な実験*が、ラマルクのこの疑問に答えらしきものを与えてくれた。デフォンテーヌは、自分の教え子に頼んで、たくさんのオジギソウをのせた馬車を走り回らせ、この植物の反応、とくに、いつ葉を閉じるかを記録させた。その教え子の名前は明らかになっ

オジギソウの花。このピンク色の花は、たくさんの長いおしべが集まり、綿毛状になっているのが特徴的だ。

ていないが、きっと先生の風変わりな注文には慣れっこで、瞬き一つせずに観察を続けたにちがいない。教え子は指示に従い、オジギソウの植えられたいくつかの鉢を辻馬車の座席に並べて置き、御者に命じてパリの街をあちこち走らせた。速足（トロット）で、できるだけ止まらないように。

おそらく、このドライブはあまり楽しいものではなかっただろう。植物の反応について細かな記録を手帳に記すことに追われていたのだから。そのうえ、馬車がパリの舗装道路上で揺れ出したとたんに、オジギソウは葉を閉じてしまった。若い弟子にはあまりおもしろい実験とは思えなかったにちがいない。「デフォンテーヌ先生はきっとがっかりするだろう。予想していたとおり、オジギソウは馬車

オジギソウは南アメリカとカリブ原産の「感じやすい（センシティヴァ）」植物で、熱帯地方の多くの国々に広がっている。

の最初の振動で葉を閉じた……。それで？　先生はこの実験にいったい何を期待していたんだろう？」。たとえそれが何であろうと、満足する成果が手に入るとは思えなかった。

ところがドライブを続けるうちに、意外なことが起こった。最初は一つ、それから二つ、さらには五つ、ついにはすべてのオジギソウが葉を開いたのだ。馬車の振動がずっと同じような強さで続いているというのに。これはおもしろい。いったい何が起こっているのだろう？名もなき学生はふとひらめいて、手帳にこう書き記した。この植物は振動に「慣れてきた」。

パリの街路で行なわれた実験結果は、植物学会の紀要と、ラマルクとオーギュスタン＝ピラミュ・ドゥ・カンドール（一七七八〜一八四一年）が執筆した『フランスの植物相（*Flore française*）』のなかで、短く紹介された。しかし、すぐに忘れられてしまった。天才的な直感は、たいていすぐに忘れ去られてしまうものだ。それでも、デフォンテーヌの実験の意味ははっきりしていた。この実験は、情報を記憶することで生じる適応行動について究明したのだ。オジギソウが記憶力をもっていないなら、絶え間なく続く馬車の振動にどうやって慣れることができるだろう？　たしかに興味深い疑問だ。それなのに、長いあいだ、この疑問は科学的に解明されないままだった。

オジギソウの記憶力

時は経ち、二〇一三年五月のこと。オーストラリアのパースにある西オーストラリア大学の研究者モニカ・ガリアーノが、六か月間、ＬＩＮＶ（私が所長を務める《フィレンツェ大学付属国際植物ニューロバイオロジー研究所》）に滞在することになった。モニカは海洋生物学の研究者だったが、哲学からはじまり、種の進化や植物学にいたるまで、さまざまなテーマに関心を抱いていた。ＬＩＮＶに来たのも、植物の世界についての知見を深めることが目的だった。なかでも、植物が見せるさまざまな反応に興味があった。お互いの研究領域について長時間話しているとよくあることだが、いつしか私たちはいっしょにある実験計画を練りはじめていた。その実験を行なえば、植物の反応についての山のような疑問にも答えを出すことができるだろう。長年、多くの人が真実だと思いながらも科学的な根拠をもてずにいる事象について、実験で科学的に裏づけることはとても重要だ。だから私たちは、植物が記憶力をそなえていることを実証しようとしたのだ。研究テーマは決まったものの、乗り越えるべき問題があった。それは、植物が刺激により効果的に対応できるようになるのは、独自の記憶力をそなえているからだということを、どうやって証明すればいいかという問題である。

その数か月まえ、私は日本の北九州市にあるＬＩＮＶの支部（北九州研究センター）にいた。そのとき、親友であり同僚でもある河野智謙（かわのとものり）（北九州研究センター長）が、パリのソルボンヌ大学植物学教室からパリ第七大学に伝わる書籍群の一冊を私に見せてくれた。彼は優れた交渉能力を駆使して、ソルボンヌ大学が処分しようとしていた多数の書物の一部を、廃棄される運命から救い出したのだ。そうして手に入れた何冊かを誇らしげに見せてくれたが、たしかに驚くほどすばらしい書物だった。ラマルクとドゥ・カンドールの『フランスの植物相（第三版）』（一八一五年）の原本もあった。そこに、フランスの首都の街路を連れ回された、小さなオジギソウの反応に関するデフォンテーヌの実験についての記述があったのだ。事実とは思えないようなこの滑稽（こっけい）な馬車でのドライブの話――河野は皮肉交じりに、デフォンテーヌの弟子はまるで従順な日本人学生のようだと言った――は、私たちを大いに楽しませてくれた。そして、モニカが来たときに、この実験のことがふと頭に浮かんだのだ。私は彼女にその実験の話をした。

その古典的な実験を科学的な方法で練り直して、もう一度行なえないだろうか？　数日後、モニカと私は新しい実験プロトコル（実施要綱）を作成した。準備が整った。私たちはその実験を《ラマルク&デフォンテーヌ実験》と名づけることにした。

だが、二〇一三年に植物を馬車にのせて走り回るわけにはいかない。とはいえ、くり返される刺激については試してみたかった。実験の目的は二つ。一つは、オジギソウの小さな葉が同じ刺激をくり返し受けると、それを危険なものではないと認める能力がある、つまり葉を閉じなくなるのを確認すること。もう一つは、ある程度の時間が経過してから、受けた刺激が以前経験したことのあるものかどうか識別し、既知のものである場合には、適切に反応できるのを確認すること。つまり、この植物がすでに経験したことのある危険性のない刺激を「記憶」し、危険があるかもしれない新しい刺激と区別できるのかどうか、それを知ることだった。

私たちは短期間で実験装置を用意した。シンプルだが効果的な装置だ。《ラマルク&デフォンテーヌ実験》では、鉢に植えたオジギソウを、約一〇センチメートルの高さからくり返し落下させる。落差の距離が刺激の大きさを表している。結果はただちに現れ、デフォンテーヌの観察の正しさを実証してくれた。私たちは興奮した。何度か落下をくり返すと（およそ七、八回）、植物は葉を閉じなくなり、無視するようになったのだ。単に疲れただけなのか、それとも恐れる必要はないと判断したのか、確かめる必要がある。そのための唯一の方法は、それまでとはちがう刺激を与えてみることだ。こうして、私たちは鉢を水平方向に揺さぶる装置を準備し、新たな刺激をオジギソウに与えてみた。これもまた完全に数値として表せる刺激だ。植物はすぐに葉を閉じる反応を見せた。なんとすばらしい結果だろう！《ラマルク&デフォンテーヌ実験》のおかげで、植物は出来事の安全性を学習し、その出来事を危険かもしれないべつの出来事と区別できることがわかった。つまり、植物は過去の経験を〝記憶する〟能力をもっているのだ。

ところで、その記憶力はどのくらい持続するのだろう？　この疑問に答えるために、実験でちがう刺激を区別できるようになった数百のオジギソウを、何も刺激を与えないまま放置し、学習したことをどれぐらい記憶しておけるのかを調べてみた。すると、予想をはるかに上回る

オジギソウは（鉢が数センチ落下するような）危険性のない刺激を認識し、同じ刺激を受けたときには葉を閉じなくていいということを学習する。

結果が出た。オジギソウは四十日以上ものあいだ記憶を保っていたのだ。これは多くの昆虫の標準的な記憶の持続時間よりはるかに長く、高等動物の記憶に匹敵する。

開花のエピジェネティックな記憶

けれども、植物のように脳をもたない生物において、脳に似たメカニズムがどのように機能しているのかはいまだに謎だ。それでも、数多くの研究、とくにストレスによって記憶に変化が生じることを調べた研究によって、このタイプの記憶の形成ではエピジェネティクスがとても重要だとわかった。エピジェネティクスとは、DNAの塩基配列の変化をともなわない遺伝子の働きの変化を説明する分野だ。いいかえれば、エピジェネティックな修飾[**]は遺伝子発現〔遺伝子の情報にもとづいてタンパク質がつくりだされ、それによって遺伝情報が具体化されること〕のしかたを変えるが（発現の活性化や抑制）、塩基配列は変えないのである。

細胞内に存在する非コードDNA〔遺伝子の情報をもたないとされるDNA〕のかなりの部分が、かつては《ガラクタ（ジャンク）DNA》として知られていたが、近年の細胞生物学は、非コードDNAを予想外の重要な機能をもつものとみなしはじめている。たとえば、非コードDNAは、胚の発達や大脳の機能、または生物各個体の大きな変化で主要な役割を担っているRNA分子を生産する。生物学の歴史を振り返ってみるとたびたび起こってきたことだが、細胞生物学の分野は、植物に関する研究

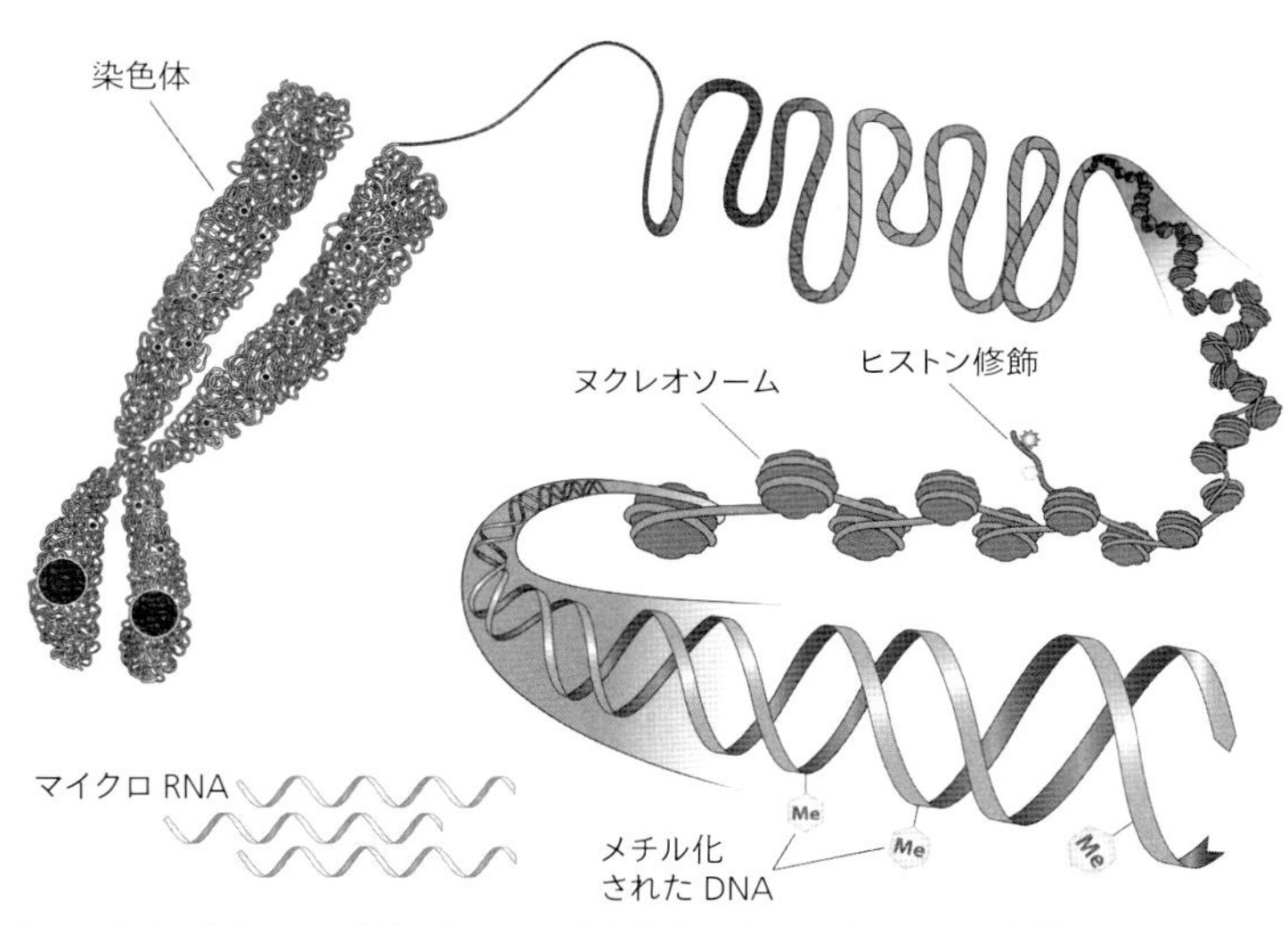

DNA メチル化は、エピジェネティックな修飾においてもっとも一般的なものである。

によって進歩してきた。とくに近年、植物の記憶力の謎を解明するための研究から数々の成果が生まれている。具体例をあげてみよう。植物はどのようにして花を咲かせる正確な時期を覚えたのだろうか？　植物の生殖の成功と子孫を生みだす能力は、何よりもまず正しい時期に開花できるかどうかにかかっている。多くの植物が、冬の寒さにさらされてから一定日数が過ぎたあとにようやく開花する。つまり、冬になってからどのくらいの期間が過ぎたのかを記憶できるのだ。

開花は、明らかにエピジェネティックな記憶力と関係しているが、その記憶力がどのように働いているかに関しては、少し前までまったくわかっていなかった。アメリカのロスアラモス国立研究所のカリッサ・サンボンマツがリーダーを務める研究グループが、COOLAIR（クールエア）と呼ばれる特別なRNA塩基配列に関する研究を行ない、『セルリポーツ』誌二〇一六年九月号にその結果を発表した。COOLAIRは、寒さにさらされてからどのくらい時間が過ぎたのかを測定し、春に植物が開花するタイミングをコントロールしていたのである。RNAのこの部分がうまく機能しなかったり除去されたりした場合には、植物は花を咲かせることができない。COOLAIR（ようするに、開花しないようにしているものの働きを抑えるもの）の複雑な仕組みについては、ここではこれ以上説明しない。

　私たちが関心をもっているのは、このメカニズムがかつて考えられていたよりはるかに普遍的で、植物の記憶力の基盤である可能性が高いということだ。ともあれ、エピジェネティックな修飾は、動物よりも植物にとってさらに重要な役割を担っているようだ。ストレスの結果として生じた遺伝子発現の変化が、エピジェネティックな修飾を通して細胞に記憶されている可能性は高い。

　最近、MIT（マサチューセッツ工科大学）の生物学部のスーザン・リンドクイストが指揮する研究グループが、ある仮説を打ち出した。それは、少なくとも開花の記憶のようなケースにおいては、植物はプリオン化したタンパク質を利用している可能性があるというものだ。プリオンは、アミノ酸配列が誤ったやり方で折りたたまれたタンパク質で、近くにあるタンパク質すべてに対して、この異常形成されたタンパク質をまるでドミノ倒しのように増殖させる。動物にとってプリオンは有益どころか、害にしかならない。たとえば、ＢＳＥ（牛海綿状脳症）やクロイツフェルト＝ヤコブ病は、プリオンが原因だ。でも、植物では、プリオンが独特な記憶方法をもたらしているのかもしれない。

一般的な予想とは逆に、植物の記憶についての研究はとても重要で、植物学的な関心を超えて広がっていく。壁を越え、ほかの分野にまで影響を及ぼすのだ。脳をもたない生物の記憶力がどのように機能するのかがわかれば、植物の記憶の謎を解き明かすだけではなく、私たち人間の記憶力がどのように働いているのかを解明することにも役立つだろう。たとえば、どのような仕組みで記憶の悪化や脳の病が生じるのか、人間の場合も独特な記憶方法が神経系以外の場所に見られるのか、など。さらには、記憶がどのような生物学的機能をもつのかについて発見されれば、それがどんなものであれ技術的に応用しようとする大きな関心を呼ぶ。つまり、植物の記憶の研究が進むたびに一般の関心が集まるだろう。このテーマは、今の私たちには想像もつかない大きな可能性を秘めているのだ。

＊〈訳注〉前作『植物は〈知性〉をもっている』刊行時点では、本実験はドゥ・カンドールが行なったものと思われたが、『フランスの植物相（第三版）』（一八一五年）中のテキストの発見により、デフォンテーヌが行なったものであることが今回明らかになった。

＊＊その一例として、ヒストンのメチル化がある。ヒストンは、ＤＮＡが染色体を形成する際、ＤＮＡの鎖が巻きつくタンパク質だが、このヒストンの特定部位にメチル基CH_3が結合することをメチル化という〔エピジェネティックな修飾にはいくつもの形態がある。その一例がここで述べられたヒストンのメチル化だが、ほかにヒストンのアセチル化、リン酸化などがあるいっぽう、ヒストンではなくＤＮＡそのものにメチル基が結合するＤＮＡメチル化もある。いずれもＤＮＡの発現を活性化、あるいは抑制する働きをする〕。

第 2 章

繁殖力

～植物からプラントイドへ

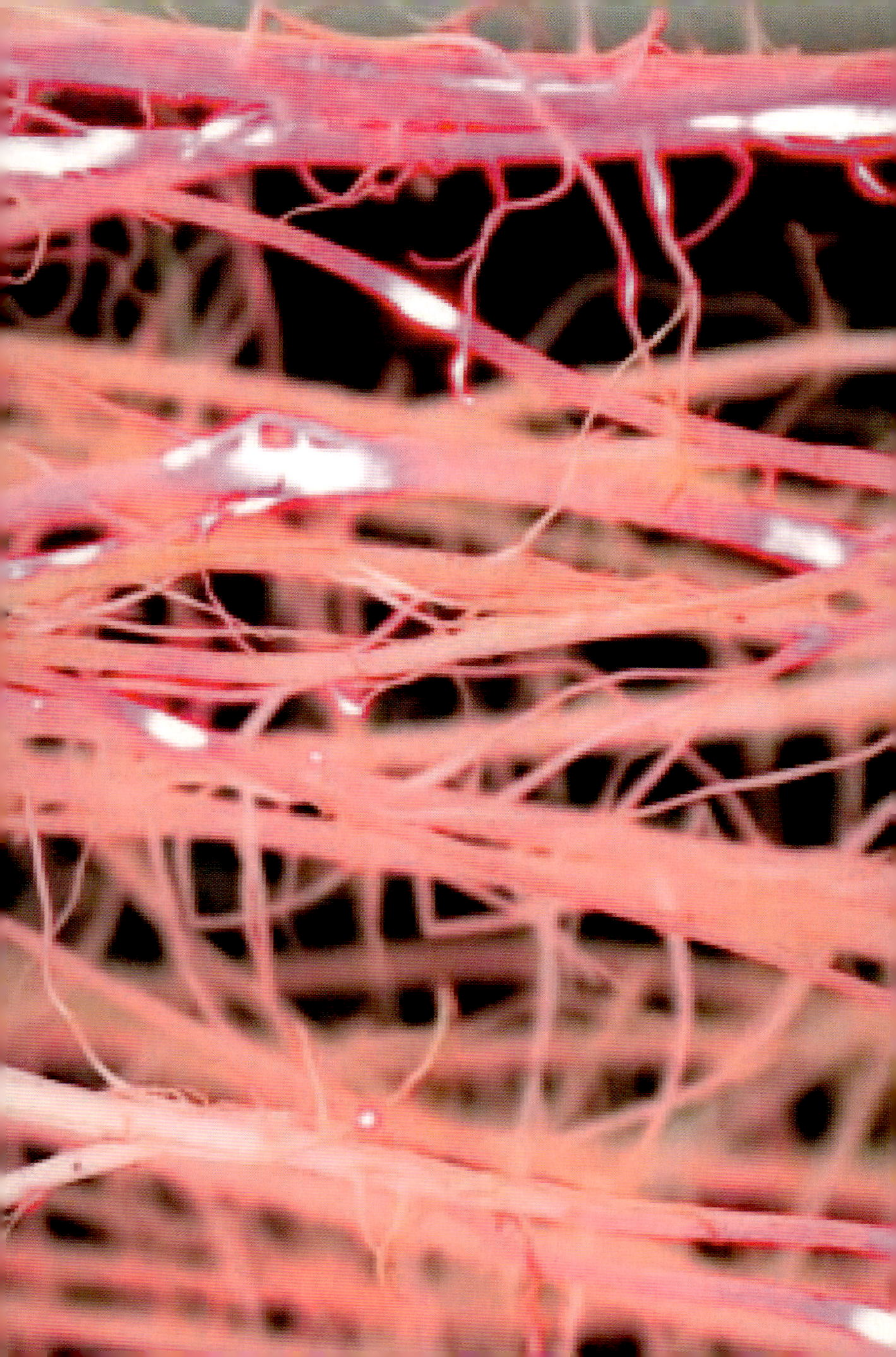

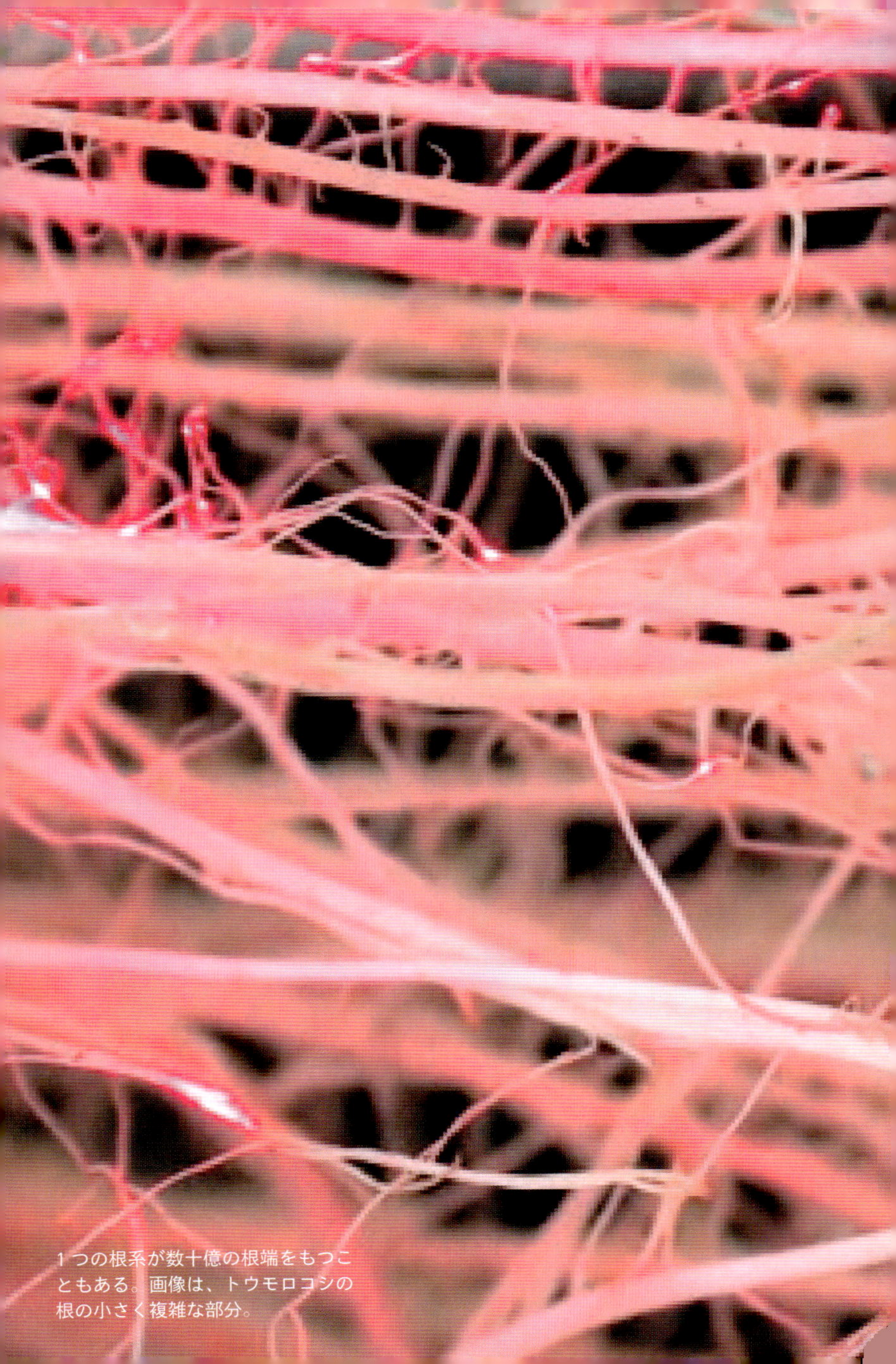

1つの根系が数十億の根端をもつこともある。画像は、トウモロコシの根の小さく複雑な部分。

自然を深く観察せよ。
そうすればあらゆることがよりよく理解できるだろう。

（アルベルト・アインシュタイン）

ダ・ヴィンチとバイオインスピレーション

ロボットの時代がついに到来したというフライング気味の発表、漂う不安、情報の訂正などが相次いだ数年を経て、期待が高まっていたロボット革命は、今まさに勝利しようとしているようだ。数十年まえまでは人間の労働だけでまかなわれていた多くの作業が、安上がりで信頼のおけるロボットの仕事になりつつある。すでに私たちの日常生活に入りこんでいるロボットもいる。部屋のほこりを払うロボットや、庭の葉を刈り、紙くずを拾い、道路を掃除するロボットは、もはやＳＦ映画のなかだけの話ではない。

それはまさしく現実であり、今日、ロボットはさまざまな分野で必要不可欠な道具となっている。ロボットを恐れる人もいれば切望する人もいるが、いずれにしてもロボットの普及はまだまだ先のことだと一般的には思われている。だが、それはほぼまちがいだ。というのも、実際にはロボットは、予想を超えたスピードで普及しているのだから。産業用オートメーション、医療、水中探査などの分野では、今やロボットはなくてはならない存在だ。そして日々、その新しい活用法について耳にする。職人ロボット、清掃ロボット、海底ロボット……。ところが、友人と話をしてみると、三十年まえよりはるかに多くのロボットがまわりをうろついているというのに、だれ一人気づいてはいないようだ。どうしてなのだろう？　思うに、おそらく、数々の映画や小説の影響によってつくりあげられてきたロボットのイメージが原因ではないだろうか。つまりロボットといえば、人間の姿と特徴を模してつくられたアンドロイドの姿をしていると思いこんでしまっているのだ。

ご存じのとおり、《ロボット（robot）》という言葉は、《強制労働》を意味するチェコ語の「robota」に由来する（ポーランド語の「robotnik」は《労働者》を意味する）。この言葉がはじめて登場したのは、チェコの作家カレル・チャペックの戯曲『ロボット（R.U.R.）』のなかだった。この戯曲のベースとなっているアイデアはあっという間に広まった。チャペックのこのSF劇では、人間の生活を便利なものにする人工の労働者たちは、実際は〝レプリカント〟、つまり、人間ではないが人間の姿形をした存在だ。そのせいで、ロボットは、人間の単純な複製であるヒューマノイドの奴隷だという思いこみが瞬く間に広まったのかもしれない。それから少し経った一九二七年、フリッツ・ラングの表現主義映画の代表作『メトロポリス』によって、

（上）1921年プラハで上演されたSF劇『R. U. R.』の舞台美術。
（下）この演劇の主人公である権力者ドミンのオフィス。デザインはヴラスティスラフ・ホフマン。

人間の姿をしたロボットが大衆の共通イメージのなかに永遠に定着した。しかし、フィクションの世界をべつにすれば、ロボットを製造する際に人間の形にするのがいちばんいいなどと、いったいだれが言いだしたのだろう？

とはいえ、こうした先入観があるのは当然かもしれない。なぜなら、新しい技術の開発とは、つねに人間の機能の代用、拡張、または改良のアプローチにほかならないからだ。実際、人間は道具を発明するときに、いつだって自分自身の複製——または少なくとも人間の身体の基本要素の複製——をつくろうとしてきた。コンピューターを例に考えてみよう。現代のシンボルであり、何ものにも代えがたい重要な装置であるコンピューターは、一見、私たち人間とはまったくちがうものに見えるかもしれない。でも実際には、原型となる人間の構成にもとづいて設計されている。すなわち、プロセッサーは脳の代用品でハードウェアを制御する。周辺機器、ハードディスク、RAM、ビデオカード、オーディオカードは、人間の諸器官を、ほかの要素を加えることなしに、技術的にそのまま置きかえたものだ。人間がつくるものはだいたい〝実行する諸器官〟とそれを制御する〝脳〟という共通の基本構造をもつことが多い。第6章で触れるが、人間の社会でさえ同じモデルをもとにつくられている。

近年では、新しい機械の材料や設計や製造のために、いわゆる《バイオインスピレーション》によるアプローチがなされはじめている。これは、技術的な問題を解決するために自然をよく観察し、自然を模倣対象として採用するという手法だが、まったく新しい試みというわけではない。かつてレオナルド・ダ・ヴィンチ（一四五二〜一五一九年）は、多くの作品でこの手法を取り入れた。その一つが、一四九五年ごろに手がけられた『騎士の自動人形』だ。『アトランティコ手稿』やその他の手稿によれば、『騎士の自動人形』は資料で確認できる史上初のヒューマノイド・ロボットで、立ち上がったり腕と頭を動かしたり、口を開いて音を発したりする能力をそなえていた。もしかすると、ミラノのスフォルツァ家の宮廷で開催された壮麗なパーティー用に準備されたのかもしれない。この発明は、明らかにバイオインスピレーションによるものだ。なぜなら、このトスカーナの天才が自らペンとインクによって描いたすばらしい『ウィトルウィウス的人体図』の解剖学的な研究がもとになっているからだ。

ところで、バイオインスピレーションは、現代のロボットにも新しい風をもたらしている。もはや、人間だけがインスピレーションの源ではない。動物の世界すべてが、研究され、模倣すべきアイデアの源泉になっている。近年、《アニマロイド》（動物型ロボット）と《インセクトイド》（昆虫型ロボット）がますます普及し、サンショウウオ、ラバ、さらにはタコを模倣するロボットまでもが設計されて、見事な成果をあげている。水中で物体をつかんで運ぶロボットをつくりたいのなら、タコの触手の巧みな動きは、さぞすばらしいモデルになるだろう。水生環境から陸生環境に容易に移動できる水陸両用ロボットを設計するなら、サンショウウオ以上にいいモデルがあるだろうか。しかし、今のところバイオインスピレーションは動物だけに限られているようだ。では、植物はどうだろう？　残念なことに、これまで、植物がこうした問題に役立つとは思われてこなかった。

　でも、そんなことはない。植物だって立派なモデルになる。植物は最小限のエネルギーしか消費せず、受動的な運動（環境中のエネルギーのみを使う運動。第4章参照）を行ない、モジュール形式で〝組み立てられ〟、丈夫で、分散した知性をそなえ（動物の中央集権的な知性とは正反対だ）、群落（コロニー）として行動する。もし、頑丈で、エネルギーの消費量が少なく、たえず環境に適応できるように自らを調整できるロボットを設計したいなら、この地球には植物以上に優れたモデルは存在しない。

植物のすごさとは何か？

　ここまで読んで、こんな疑問がわくかもしれない。植物にヒントを得たロボットだって？　本気か？　そんなものが役に立つのか、と。ここで、植物とは何か、ポイントをまとめてみよう。植物は光合成を行なう真核性の多細胞生物で、例外はあるが、陸上に出ている部分と根の部分に分かれることが、大きな特徴だ。その場に定着する性質があるが、移動できなくても成長することで姿勢を変え、環境の変化に適応でき、驚くほど柔軟性がある。

　環境に対する植物の運動反応は、屈性という名で一般的に知られている。諸器官、とくに根はめきめきと成長するが、同時に外からの刺激に反応して曲がるという特徴があるのだ。外からの刺激とはおもに、光、重力、接触、湿気、酸素、磁場だが、各刺激による屈性は、それぞれ光(ひかり)屈性（屈光性(くっこうせい)）、重力屈性、接触屈性、水分屈性、酸素屈性、磁力屈性と呼ばれる。さらに最近、私の研究所では、音の発生源に向かう成長、いわゆる音(おと)屈性（屈音性(くつおんせい)）も植物の運動反応の一つに加えられた。こうした屈性を組み合わせることにより、植物は厳しい環境を生き抜き、根を伸ばすことによって土壌に定着し、生存と安定性を確保することができるのだ（根系の全長と総重量は葉全体を上回ることが多く、とてつもない大きさになることもある）。

吸水力のある根の表面積をとんでもなく大きくするために、自然は、カルタゴの神話的な建国者ディードーが使ったのと同じトリックを用いた。そのトリックについては、ある伝説の詩人がこう語っている。アフリカの君主イアルバースは、都市ティロスを追放されたディードーとその臣民たちに土地を譲与してやろうと告げた。この申し出は明らかにインチキだった。一頭の牛の皮で覆うことができる広さまで、という条件がついていたからだ。だが、将来カルタゴの女王となるディードーは、それを逆手にとって、有利にことを運んだ。牛の皮を細長く一本のひも状に切り、高地一帯を取り囲んだのだ。その土地がのちのカルタゴである。同じようなやり方でみれば、一本のコムギがもっている根毛の全体積は、一辺が一・五センチメートルの立方体と同じぐらいしかないが、この根毛すべてを合わせると、長さ二〇キロメートルを超えることもある。

さらに、根端（根の先端部分）は、強固な障害物のなかにまで道をつくって成長していく能力がある。もろい外見と繊細な構造にもかかわらず、根端は、周囲に対して驚くほど大きな圧力を加えることができる。細胞の分裂と膨張のおかげで、なんと堅固な岩も砕くことができるのだ。根の伸長と（肥大）成長のためには、土中に根端より大きな穴や隙間をつくらなければならない。そのため、細胞内の水分が細胞の膨張を引き起こし、根の伸長と成長に必要な力を与える。根の浸透圧ポテンシャルが、細胞内に水を流入させているポテンシャルの勾配を生み、その結果、細胞が膨張し、細胞膜が堅い（細胞）壁を押しやるのだ。種によるちがいはあるが、このようにして加えられる圧力はおよそ一〜三メガパスカル（一メガパスカルは一万ヘクトパスカル＝約十気圧）。根がどうやって、アスファルトやセメントや花崗岩のような硬い物質を砕くことができるのかがわかるだろう。

複数の個体からなる一つの集合体

植物のあまり知られていないもう一つの特徴は、同じものをいくつもそなえているモジュール構造だ。この特徴こそがロボット製造のヒントになる。一本の樹木の体は、同じユニットのくり返しでできていて、それがさらに全体的な構造をつくりだし、樹木がどのような生理機能をもつかを決めている。これは、動物界とはまったく異なる現象だ。私たちが動物に対して使っている《個体》という言葉の定義さえも、植物の世界ではほとんど意味がない。さらにくわしく説明しよう。個体には、少なくとも二つの異なる定義がある。

1. 語源的な定義…《個体》は一つの生物学的な実体で、二つの部分に分かれることはありえない。分かれたように見えても二つのうちの少なくとも一つが死ぬので、二つの部分に分かれたとはいえない。

2. 一般的な定義…《個体》は一つの生物学的な実体で、時間と空間において一定不変のゲノムを有する。つまり、その生物のどの細胞でもゲノムは同一で、生命の持続期間中はその状態がずっと続く。

ほとんどすべての植物にとって、この定義があまり意味のないものだということはすぐにわかるだろう。語源的な定義から考えてみよう。十九世紀末、フランスの自然科学者ジャン＝アンリ・ファーブル（一八二三〜一九一五年）は、「動物の場合は、『分割する』ということが、概して殺すことを意味するのにたいし、植物の場合は、ふやすことを意味する」〔『ファーブル博物記5：植物のはなし』後平澪子、日高敏隆訳、岩波書店〕と記している。植物の研究者だけではなく、素朴な愛好家だとしても、それはよくご存じのはずだ。たとえば、挿し木や接ぎ木による繁殖にもとづいた育苗（いくびょう）では、植物がもつこの特性を最大限に活用している。

さらに、遺伝子の不変性も、植物界ではあまり好まれない性質らしい。動物は、どんな大きさでも、ゲノムがすべての細胞のなかにあり、生涯にわたって変わらないが、植物には、このルールはあてはまらないようだ。果樹における、いわゆる《芽の変異》の研究者ならだれもがそのことを知っている。果樹栽培の歴史を眺めてみると、一本の樹木に偶然〝変異した〟枝が生え、しばしばその枝に実る果実に注目が集まる。このようにして生まれた変種の果実は数多い。たとえば、ネクタリンがモモの芽の変異によって生まれたことは、ほぼまちがいないし、ワインのブドウ品種の一つピノ・グリは、ピノ・ノワールの芽の変異から生まれた。

つづいて、もう一つの魅力的な例は、いわゆる《キメラ》だ。まさにギリシャ神話の怪物キメラのように、接ぎ木された部分がいっしょに成長して、いくつかの異なる特徴をもつようになった個体のことである。植物のこうした特殊な性質は、オレンジやブドウなど、多くの種類の果樹でよく見かける無数の変種にはっきりと現れている。数多くのキメラのなかでもとくに触れておきたいのが、有名な《シトロン－ダイダイ変種（学名 *Citrus x aurantium bizzarria*）》だ。これは柑橘(かんきつ)類の非常に珍しい変種で、一つの実にダイダイとシトロンそれぞれの外見が不規則に現れるという特徴をもっている。メディチ家が長年自慢してきたコレクションの一つで、一六七四年にはじめてピサ植物園の当時の園長、ピエトロ・ナーティ（一六二四～一七一五年）によって報告されたが、その後は長いあいだ忘れ去られていた。そして一九七〇年代になって再発見された。こうした極端な例に限らず、一定の年齢に達した樹木にはどれも、異なる複数の遺伝子がたやすく見つかる。

ようするに、一つの植物を一つの〝個体〟とみなすのは難しい。すでに一六〇〇年代末には、植物とは――とくに樹木は――無数の同じものによって構成された正真正銘のコロニー、つま

柑橘類によく見られるキメラの１つ、かの有名な《シトロン－ダイダイ変種（学名 *Citrus x aurantium bizzarria*）》。現在、メディチ家のカステッロ邸とフィレンツェのボーボリ公園のコレクションで観賞することができる。

り集合体だとする考えが広まりはじめていた。一七九〇年、ヨハン・ヴォルフガング・フォン・ゲーテ（一七四九〜一八三二年）は、次のように記している。彼は、作家である以上に優れた植物学者だった。「一つの植物の節から生えている枝は、母親の体につながっている個別の幼い植物とみなすことができる。この幼い植物は、母親が地面に固定されているのと同じように、母親の体の上に固定されているのである」。さらに、かの有名なイギリスの自然科学者チャールズ・ダーウィン（一八〇九〜一八八二年）の祖父、エラズマス・ダーウィン（一七三一〜一八〇二年）は、一八〇〇年にこのゲーテの考えを支持して、次のように述べている。「一本の樹木のどの芽も個別の植物である。つまり、一本の樹木は個々の植物が集まった一世帯の家族なのである」。一八三九年、孫のチャールズはさらに次のように追加している。「異なる個体どうしで結合できるのは驚きかもしれないが、樹木がそのことを裏づけてくれる。つまり、木の芽は個別の植物とみなされるべきである。サンゴ内のポリプ（刺胞（しほう）動物に特有の体の構造。円筒形で、足盤（そくばん）と呼ばれる部分で定着する）や一本の樹木の芽は、個体の分離が不完全になされている例だと考えてみよう」。また一八五五年、ドイツの植物学者アレクサンダー・ブラウン（一八〇五～一八七七年）も次のように観察している。「植物、とくに樹木を見るかぎり、動物や人間のような単一の個体であるとはどうしても思えない。むしろ、複数の個体からなる一つの集合体のように思える」

このように、〝植物はコロニーである〟という考え方は、昔から支持されていた。さらには、この考え方から、延長された寿命という発想が生まれる（この発想をロボット技術に応用できればおもしろいだろう）。つまり、コロニーはその構成員より長生きするということだ。たとえば、一つのポリプはわずか数か月しか生きられないが、ポリプによって構成されるサンゴは、潜在的に不死である。樹木もサンゴに似ている。樹木を構成するユニットは短命だが、コロニー（樹木）自体は、潜在的に永久に生きつづけることができる。

また、無数にそなわった同一のユニットという概念は、地上に出ている部分だけではなく、根系についても当てはまる。実際、根一本一本にはそれぞれ自律的な指令センターがそなわっ

単一の樹木は、くり返されるモジュール構造の集合体だとみなすことができる。

ている。それが根の伸びる方向を操作し、本物の群れのようにほかの根端と協力して、一つの植物全体の生命に関わる問題に取り組む。その分散された知性は、生活環境のさまざまな問題を効果的に解決する、まさに素朴だが機能的なシステムであり、そういった知性が発達していることは、植物がどれほど進化した生物なのかをはっきりと物語っている。

プラントイドの夢

すでに見てきたように、ロボットを製作する際、植物からいろいろヒントを得られることはまちがいない。しかも、どれもが貴重なヒントだ。私は、植物が新しいロボットの製作に大きなインスピレーションをもたらす可能性に魅了され、二〇〇三年に《プラントイド》（植物型ロボット）のアイデアをふくらませはじめた。《プラントイド》という言葉は、《アンドロイド》みたいに、この新しいタイプの自動機械を表すのにぴったりだろう〔アンドロイドはギリシャ語の人間を表すandrに、「〜のようなもの」を表す接尾語のoidをつけた言葉。プラントイドは「plant（植物）のようなもの」を意味する〕。私は、土壌の調査から宇宙探査まで数限りない場面で、プラントイドが役に立つようすを思い描いていた。もちろんロボットについての私の知識は限られていた。今でもそうだ。私一人だったら、この夢を実現する可能性などまったくなかっただろう。実際、アカデミックな世界ではよくあることだが、このアイデアも実現されずに引き出しの奥にしまわれたままになるのでは、と不安がつのった。

　だが、幸運なことにそうはならなかった。私は、会う人がいれば、だれかれかまわずプラントイドのもつ可能性について議論をふっかけた。そんなことを休みなく続けていたある日、ある人物と出会った。それは、魅力的だが夢のようで、机上の空論にすぎなかったプラントイドのアイデアを実現するのにうってつけの人物だった。その人物とは、バルバラ・マッツォライで、現在はＩＩＴ（イタリア工科大学、ピサに本部がある）のマイクロバイオロボティクス・センターの主任であり、私がはじめて会った二〇〇三年当時、すでに優れたロボット研究者だった。彼女の専門研究のおかげで、夢の実現のための準備は整った。プラントイドの製作について議論すればするほど、きっと実現できるという思いが強くなる。バルバラと私は、プラントイドのアイデアに興奮した。もちろん乗り越えるべき技術的問題はたくさんあったが、いずれ解決できるにちがいない……。私たち二人は、プラントイドを必ず製作し、世に出すと決心した。

ただし、機械のおもちゃではなく、実用的な機能をそなえた一体のロボットを一からつくりあげるには——とくにそのコンセプトがまったく新しいものなら——たいへんな時間と労力と資金が必要になる。熱心な研究者はだれでもそうだろうが、私たちもまた、時間と労力を捧げる準備は整っていた。問題は資金だった。手持ちの資金では、どうあがいてもまったく足りない（イタリアの研究者の給与について、調べてみてほしい。お恥ずかしくて、ここではとても明かせない）。この計画に協力し、資金援助してくれそうな協会や財団を探してみたが、なかなかうまくいかなかった。当初、私たちには、このプロジェクトが正しい理論にしっかりと裏づけられていることは明白で、なんの弱点もないと思えていた。それなのに、話をもちかけた相手はまったく興味を示さなかった。それまで何度も同じ思いを味わってきたが、植物のことを、よくても無生物的な生物、ひどいときには庭を飾る美しい物体としか思っていない人たちに、プラントイドの驚きの能力を納得してもらうのは相当骨が折れる。ましてや、その植物を模倣した新世代のロボットがほんとうに実現できると出資者を説得するのは、さらに難しかった。この挑戦がいかに魅力的なものか、私にとっては明らかだし、心優しき読者の方々にとってもそうであることと思う。ところが、財団や協会といった資金の見張り番の人々にとっては明らかではなかったのだ！　彼らには、この研究の魅力も具体的な可能性もまったく見えていなかった。彼らが〝慎重さ〟（私はそれを〝想像力の欠如〟と呼ぶ）をもち出したが最後、ほとんどいつもそこでゲームオーバーだった。

火星探査へ

それでも、夢のようなプロジェクトを実現するために資金を獲得したいなら、くじけてはならない。自分のプロジェクトを本当に信じていれば、その情熱がきっといつかだれかの心を動かすだろう。私の場合、そのだれかとはＥＳＡ（European Space Agency＝欧州宇宙機関）の独創的な先端構想チーム《アリアドネ》だった。彼らは、宇宙探査に有用なロボットを製作するために、植物からヒントを得られるかもしれないという私の説明を理解し、納得してくれた。すぐさま「実行可能性調査」のために出資してくれたのだ。この資金は限られていて、何一つ実際に製作することはできなかったが、それでもアイデアを固め、プラントイド製作で起こりうる問題をあらかじめ確認しておくために役立った。ついに私たちはＥＳＡに提出する入念な資料を作成した（ネットで閲覧可能）。その資料には《植物の根からのバイオインスピレーション》というわくわくするようなタイトルがつけられていた。そして、プラントイド製作と宇宙探査（とくに火星）への活用についてくわしく記されている。

　私たちの基本的な主張は単純だった。植物は最高のパイオニアたる生物であり、その生存システムを研究し、プラントイドに取り入れることで、過酷な環境にも必ずや耐えられる機械をつくれる、というものだ。ところで、地球外環境以上に過酷なものはない。たとえば火星だ。そこでこのプロジェクトでは、無数のプラントイドを火星の大気中まで送りこむことを想定した。送りこまれたプラントイドたちは、火星上にまき散らされる。それぞれのプラントイドは約一〇センチの大きさで、赤い星の地表に姿を消すと、ただちにその体から根を土壌に差しこむ。この根が火星の地下を探索するいっぽう、表面に並んだ葉のようなものが光電池（太陽電池）を使ってエネルギーを補給する。私たちのプロジェクトは、これまでの火星探索についての考え方を根底から覆すものだ。つまり、莫大な費用がかかるのにのろのろとしか動けず、ごくわずかな範囲しか探査できないこれまでの巨大なロボットのかわりに、無数のプラントイドを火星に送りこむのだ！　プラントイドは、種子のように大気中ではじけて広範囲に散らばっていく。そしてその場でじっとしたまま、お互いに、さらには地球とも連絡をとりあい、土壌の成分についてのデータを地球に送信する。その無数の詳細なデータのおかげで、火星の地図作製が可能になるだろう。

ＥＳＡ用の研究が終わると、プロジェクトはふたたび行き詰まり、数年間、だれも出資しようとはしなかった。ようやく二〇一一年になって、バルバラと私は、失敗するリスクが高くてもきわめて革新的で、かつすばらしく〝空想的な〟アイデアに賞を与えるという、ある企画に応募することで、ＥＵからの資金獲得に挑戦することにした。ＦＥＴ（Future and Emerging Technologies＝未来新技術）という企画だ。ＦＥＴは昔も今も、助成金の獲得をめざしてヨーロッパの斬新なプロジェクトがしのぎを削る闘技場である。私たちのプロジェクト名は《プラントイド――植物の根にヒントを得た土壌モニター用の革新的なロボットの製作》というもので、評価は驚いたことに15／15ポイントだった！　満点だ。こうして助成金を受け、ようやく最初のプラントイドを製作することができるようになった。

それから三年間は、たくさんのモジュールの設計と製作、つまりはプラントイドの最終的な実現のための無数の問題にかかりきりだった。たとえば、バルバラの研究室で直面したやっかいな問題の一つは、根の成長をどうやって再現すればいいのかというものだった。これは、さざいな問題ではない。根が自動的に伸びるメカニズムの設計は、今日のロボット工学でも実現の難しい目標の一つだ。

植物は、根の伸長と運動のプロセスを、二つのメカニズムでもって実行する。根の先端部にある根端分裂組織の細胞分裂と、根端の後ろの部分、《伸長域》と呼ばれる箇所の細胞の拡張である。ロボットの根端の製作では、この両方のメカニズムを模倣するために、重力の方向をくり返し追跡するための加速度計と、根の拡張を引き起こすためのプラスチック素材のタンクが活用された。さらに、根のさまざまな感覚能力を再現するために、次のものが設置された。まずは水分センサー。これはごくわずかな湿度差も知覚することができる。いくつかの化学センサー。それから、浸透圧アクチュエーター（浸透圧を運動に変換する特別な装置）。これは進路を確定し、土中に穴をあける装置だ。マイクロコントローラー。これは、さまざまなセンサーか

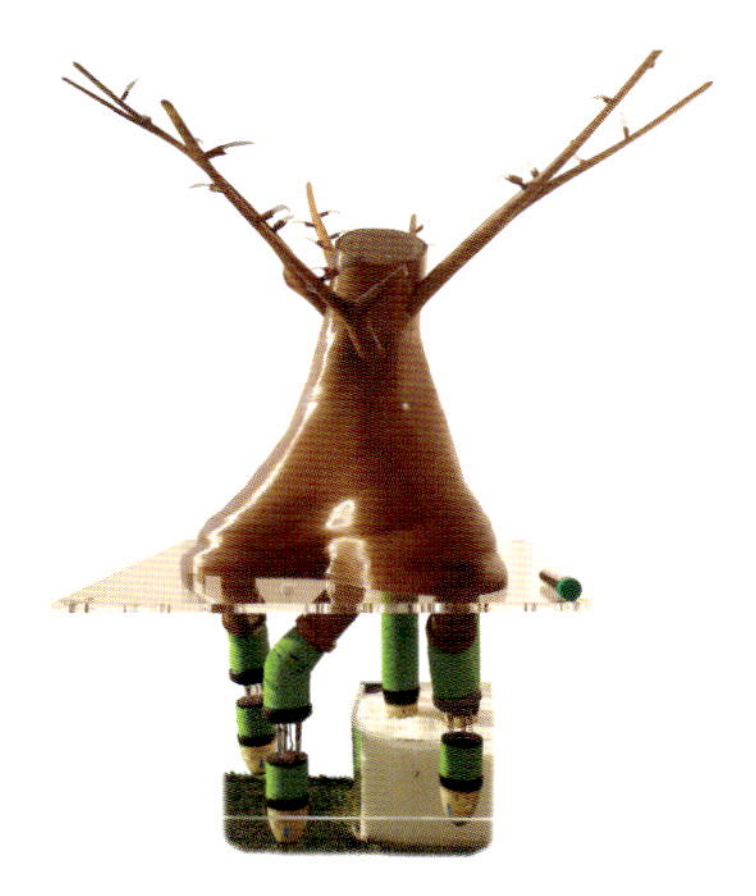

プラントイドのプロトタイプ第 1 号。ヨーロッパの FET（未来新技術）プロジェクトの一環で製作された。土中に根端を伸ばす能力をそなえている。

プラントイドの芸術的表現。植物の機能をヒントにしてつくられるロボットは、土壌、資源、さらには汚染状態など、あらゆるケースでさまざまな調査ができる。

ら得られた情報を管理し、植物の根にもそなわっている知性を再現する。それらを設置してプラントイドのロボット根の製作が終わると、残るは葉の製作だけだった。問題はあったものの、根のときほど複雑ではなく、光電池を使えばどれも解決できた。光電池が光合成のプロセスを模倣し、あらゆる操作に必要なエネルギーを供給してくれるからだ。

プラントイドは植物の適応戦略を模倣し、ゆっくり動くことによって、環境を効率よく探査することができる。馬力はあるがエネルギー消費は少ない。その根端は成長し、新型の浸透圧アクチュエーターによって地面のなかを進みながら、同時にほかのすべての根端とコミュニケーションをとり、データを集め、植物の世界にそなわった知性的な戦略を利用できる。

今日、プラントイドは現実のものとなり、さまざまな状況で活用可能だ。たとえば、放射線や化学物質による汚染の調査、テロリストの攻撃への対処、地雷原のマッピング、宇宙探査、鉱物や原油の調査、特殊な土地改良、新しいコンセプトの次世代農業の試みなど。バルバラはさらに改良を続け、特別な利用法に応じるため、各目的に特化したプラントイドの製造に取り組んでいる。ようするに、私たちは今やっと、じつにおもしろい道のりのスタートラインに立ったばかりなのだ。すでに多くの人々が、植物のバイオインスピレーションによってさまざまな新しい技術が生み出される可能性を信じていることだろう。私はそう願っている。いや、確信している。プラントイドの集団がのんびりと庭や農場の世話をしている光景を目にするようになるには、それほど時間はかからないだろう。

第 3 章

擬態力

～すばらしい芸術

リトープス属の植物は一般的に《生ける石》の名で知られている。南アフリカとナミビアの乾燥帯に生息する。

自然の美の模倣は、ただ一つのモデルに固執するか、それともただ一つのテーマに関して集められた多様なモデルを観察することによってなされるか、そのどちらかである。

（ヨハン・ヨアヒム・ヴィンケルマン『ギリシャ芸術模倣論（*Pensieri sull' imitazione*）』）

自然を研究すればするほど、その驚きの仕掛けと適応力にますます強い感銘を受ける。複雑で多様な状況を有利に生きていけるさまざまな変種が保存されたり、自然選択されたりすることで、偶然に変化した部分を通してゆっくり発達していく自然の仕掛けと適応力は、もっとも豊かな想像力をもつ人間が考えつくものをはるかに超えている。

（チャールズ・ダーウィン『英国と外国のランが虫によって受粉されるためのさまざまな仕掛け（*On the various contrivances by which British and foreign orchids are fertilised by insects*）』）

モデル、役者、受信者

生物の模倣能力といえば、たいていはよく知られている動物ばかりがとりあげられる。カメレオン、ナナフシ、カマキリ、一部のチョウや毛虫、さまざまな魚、シタビラメ、タコ……。しかし、動物のもっとも驚異的な模倣と互角に張り合える能力をそなえた植物もいる。しかも、たいてい動物よりもはるかに洗練されている。

自然界には擬態の形が無数に存在する。一般的に擬態現象とされるものは、基本的に二つある。一つは《標識的擬態》と呼ばれるもので、生物がほかの生物の行動や形や色を模倣する擬態だ。もう一つは《隠蔽（いんぺい）的擬態》で、こちらの擬態は、周囲の環境を模倣し、自分の姿を見えなくする。しかし、《擬態》という言葉自体は多様な側面をもち、もっと広い範囲の現象を意味している。ともあれ、擬態の特性と仕組みを深く理解するため、本題に入るまえに少しだけ脱線しておこう。擬態について考えるにあたって、この脱線はまちがいなく役に立つ。

生物は本来、何もしなければ、自然によって劣化し、無秩序へと陥ってしまう。それに抵抗して、どんな生物も（体の組織の複雑さの程度に関係なく）、自身の内部の組織を保つ能力をもっている。この能力が発揮されるかどうかは、正しい選択を行なえるかどうかにかかっている。たとえば植物の場合、生息している土、岩石などの基盤から生存に必要な分子を自ら選び出す、敵と仲間を区別する、資源が入手できそうかどうかによって伸び縮みするといった選択だ。生物は開かれたシステムで、環境から情報を取り入れ、環境へと情報を流す。つまり、あらゆる生物は、生存のために必要なデータを周囲の世界と交換するのだ。これこそ、コミュニケーションが生物の特徴として不可欠な理由だ。コミュニケーションなしには、単純きわまりない生物も、自分の生命を支えるための繊細な平衡状態を維持できなくなるだろう。

どんな生物も、周囲の物体や自分の仲間や危険などを、たえず認識しなければならない。ある特定の時期に、生活環（ライフサイクル）のなかで、ほかの生物との相互作用（メッセージの発信と受信によって成り立つ）を行なうことは、必要で逃れられないものだ。

生物はほかの生物に向けて信号（視覚的、嗅覚的、聴覚的信号などがある）を発し、自分に都合のいいように相手の行動に影響を及ぼそうとする。擬態もそれにあてはまる。擬態には、モデル（信号をつくり、それを発信する生物）、役者（モデルの信号を複製し、そこから恩恵を受けるもの）、受信者（役者の利益になるように信号に反応するはずのもの）の三つの要素が必要となる。

擬態の女王

植物界の擬態の能力や効果を見てみると、名人芸の域にまで磨き上げられ、動物界には匹敵するものがいないほどの至高の模倣芸術がいくつも見られる（まあ、身びいきかもしれないが……）。植物の擬態能力がどれほど洗練されているかわかれば、さらにその先にある能力にも興味がわいてくるだろう。実際、擬態現象の研究は、植物の意外な感覚能力の理解へと私たちをいざなってくれる。まずは驚異的な擬態能力をもったボキラ・トリフォリアータのケースを見てみよう。

ボキラ・トリフォリアータは、チリの温帯林ではよく見られるつる性植物だが、信じられない擬態能力をもっている。この写真は、擬態していない通常の状態の葉である。

ボキラ・トリフォリアータは、まさに植物界のゼリグ（映画『カメレオンマン』の主人公。周囲の環境に合わせて容姿を変えられる）といえるだろう。自然界におけるもっとすばらしい擬態ぶりを見せてくれる。ボキラ・トリフォリアータは、チリとアルゼンチンの温帯林で成長するつる性植物で、ボキラ属の唯一の種でもある。現地ではよく見かける植物で、チリではさまざまな名前で呼ばれ（ピルピル、ボキ、ボキシージョ、ボキージョ、ボキ・ブランコ）、食用の果実を実らせる。この植物種は昔から知られているので、専門家、愛好家を問わず何百人もの植物学者が、原産地で成長して繁殖するボキラを観察して研究を行なってきた。ところが、ほんの数年まえまで、だれもこの植物がもつ驚きの擬態能力に気づいてはいなかった。

二〇一三年、植物学者エルネスト・ジャノーリは、チリ南部の森林を静かに散策しているときに、ボキラ・トリフォリアータを見かけた。それまでもこの植物には何度も出会っていた。これといって変わったところはなく、特徴もよく知っているおなじみの植物だ。ところがその日、何かが彼の注意を惹いた。森林を徘徊する植物学者は、蚤（のみ）の市のコレクターのようなものだ。感覚を研ぎ澄ませ、だれもが見落としそうなものを探し出す。新種を発見するためにあちこちさまよい、その訓練された目で隠れた細部に気づき、色や形のごくわずかなちがいや、既成概念をくつがえすような新しい何かをけっして見逃さない。どんなにつまらない細部だとしても。ジャノーリもその日、チリのその地域ではありきたりのある低木を注意して観察していた。すると、目の前の葉が予想していたものと少しちがうことに気づいた。近づいてみると、葉はなんとその低木のものではなく、草のなかに生えているつる性植物の葉だった。それはどこから見てもボキラ・トリフォリアータだったが、見つけた奇妙な葉は、おなじみのボキラ・

トリフォリアータの葉とはちがい、それが巻きついている低木のほうの葉によく似ていたのだ。

近くに生えているほかのボキラにも同じ特徴がないか気になったジャノーリは、周囲を見回してみた。そして、驚きのあまり言葉を失った。樹木に巻きついているどのボキラも、見事な擬態能力でそれぞれの〝宿主（しゅくしゅ）〟の葉をまねしていたのだ。実際、宿主となりうる植物は一種類ではなく、ボキラはずうずうしくも、じつにさまざまな葉をそっくりコピーしていた。これまで知られているかぎり、ほかのどんな植物もそんなことはできない。擬態のチャンピオンとみなされているランでさえ、一種類の植物だけのまねをするか、せいぜい異なる種のように見える花をつけるくらいだ。多様なモデルを模倣して再現する能力は、これまでは動物の世界が独占していた。ジャノーリはこの発見に興奮したが、いっぽうで疑いも抱き、この発見を反論の余地のないものにすべく――実際、ある植物がまったく異なるさまざまな植物種の大きさや形や色を模倣できることを科学界に納得させるのは容易ではないだろう――学生のフェルナンド・カッラスコ＝ウッラと共同で一連の実験と検証を開始した。検証結果は想像以上のものだった。

ボキラは、自らが巻きついている多くの種をただ模倣できるだけではなく、何度でもそれができるとわかったのだ。ボキラが二種か三種の異なる植物のそばで成長している場合、いちばん近くにある種に合わせて、そのつど自分の葉を修正し、その種に紛れこむことができる。いいかえれば、ボキラは、何度でも葉の形や大きさや色を変えることができるのだ。ジャノーリとカッラスコ＝ウッラは、以下のように結論づけた。このように臨機応変に葉の特徴を管理できるというのは、自分の遺伝子発現を変化させている可能性がある（すなわちエピジェネティックな修飾）。だが、それをどういう方法で行なっているかはわからなかった。

これまで見てきたように、ボキラは唯一無二の擬態の例だ。私は擬態の専門家ではないので、無数にある生物の擬態方法について、すべてを知っているわけではない。それでも、自分の体の形と大きさと色という三つの要素を同時に変えられる擬態の例は、まずまちがいなくほかにないだろう。一つの要素だけの変化（もっとも一般的なのは色の変化だ）ならよく見られるし、ときに二つの要素が変化することもある。だが、三つとも同時に変化するのは、動物の世界でも非常に珍しい。

本章の最初に述べたように、擬態能力は何らかの形で《役者》に利益をもたらす。この場合、《役者》に当たるのはボキラだ。では、自分の葉を変化させ、宿主の葉を模倣することで、ボキラはどのような利益を手に入れることができるのだろう？　第一の仮説は、有害な昆虫から身を守れるということだ。たとえば、ボキラがまねしている葉が草食性の昆虫にとって有毒な植物だとしたら、そして昆虫自身もその葉を避けることを学習していたなら、ボキラはその植物に紛れこむことによって身を守れる。こうした擬態は、《ベイツ擬態》と定義される。これは、イギリスの自然科学者ヘンリー・ウォルター・ベイツ（一八二五〜一八九二年）に由来し、いわばヒツジがオオカミに変装するような擬態を意味している。植物界におけるベイツ擬態自体は、

オオバイヌゴマは、《森の魔法使い》の異名をもち、イラクサの葉を完璧にまねできる。

セイヨウイラクサの葉と実は、発疹を激しく誘発する物質に覆われ、それで身を守っている。

珍しいものではない。もっとも有名な擬態には、草食動物から身を守るためのものなどがある。たとえば、オドリコソウとオオバイヌゴマのようなシソ科の植物の一部は、セイヨウイラクサの葉をほぼ完璧に模倣し、身を守る。

第二の仮説はもっと単純で、有名な《オッカムの剃刀（かみそり）》に従うなら、こちらのほうが好ましいだろう（オッカムの剃刀は、必要以上に多くを仮定してはならないというスコラ哲学者の指針）。自分の葉をほかの植物の葉に紛らせることで、攻撃を受ける確率が低くなるという仮説だ。実際、草食の昆虫の攻撃を受けたら、たくさんの葉を茂らせている宿主たる植物のほうが、ボキラよりも大きな損害を受けることになるだろう。今のところ、どちらの説が正しいのかまだわかっていない。おそらく実際にはもっとたくさんの要素が関わっているのではないかと思う。

エルネスト・ジャノーリは、特別な特徴をもつ葉（たとえば、のこぎり状の葉）は、ボキラにとって再現するのが難しいとも述べている。それでも〝自己の最善を尽くして模倣〟する。ただしコピーしてできたものは、絵画にたとえれば、けっして完成画ではなく下描きレベルだが。

こうした擬態現象の観察は、探究のはじまりにすぎない。ここで少し考えてみよう。ボキラの擬態についての大きな疑問は、どうやって自分の体をこれほど素早く変化させられるのかということと、何を模倣すべきかをどうやって知っているのかということだ。エルネスト・ジャノーリとフェルナンド・カッラスコ＝ウッラは、この種がもつ驚きの擬態能力をはじめてとりあげた論文のなかで、二つの仮説を示している。一つ目は、ボキラは大気に放出された揮発性物質を知覚して、模倣すべきモデルが何かを決定しているというものだ。だが、その仮説にはかなり無理がある。というのは、ボキラは十種類の異なる種から発せられた揮発性成分の〝ブレンド〟に囲まれた場合でも、もっとも近くにある種の葉を把握して模倣するからだ。二つ目の仮説は、ボキラの宿主の植物の遺伝子が微生物に運ばれて水平移動しているのではないかというものだ（遺伝子水平移動（水平伝播）とは、親から子への垂直移動ではなく、異なる個体または生物種のあいだで起こる遺伝子の伝達のこと）。だが、この説はさらに無理がある。結局、この模倣名人が何を模倣すべきかをどうやって認識しているのか、謎のままだった。

二〇一六年九月、私は、親友であり共同研究者であるボン大学のフランティシェク・バルシュカ教授とともに、この難問に対する新しい解答を発表した。植物はある種の〝視覚〟をそなえている、というものだ。信じられないＳＦじみた仮説と思われるかもしれない。だが私にいわせれば、それが真実である可能性は非常に高い。なぜなのか説明しよう。

一九〇五年、有名な植物学者ゴットリープ・ハーベルラント（一八五四～一九四五年）は論文のなかで、植物は表皮細胞を使って映像を知覚することができる――つまり、ある種の視覚をそなえている――と主張し、科学界の外にまで広がるほどの大きな物議をかもした。実際、この細胞はレンズのように凸状であることが多いので、細胞の下層に写像を伝えることは簡単にできそうだ。ハーベルラントによれば、植物の表皮細胞は、多くの無脊椎動物にそなわっている《単眼》（単純な構造の原始的な目）のように機能しているという。ハーベルラントの理論は、有名なチャールズ・ダーウィンの息子であるフランシス・ダーウィン（一八四八～一九二五年）に大いに気に入られた。ケンブリッジ大学の植物生理学の教授だったフランシスは、さまざまな論文で、植物の知覚能力について科学的な裏づけとともにくわしく論じている。

ダブリン会議〔一九〇八年にダブリンで行なわれた英国科学振興協会の年次会議〕でフランシス・ダーウィンは、植物が記憶能力をはじめとするさまざまな能力をそなえていると主張したが（『植物は〈知性〉をもっている』参照）、それに合わせて、王立協会の同僚ハロルド・ウェイジャー（一八六二～一九二九年）が、さまざまな種類の葉の表皮細胞をレンズとして撮影したたくさんの写真を見せ、参加者を唖然とさせ

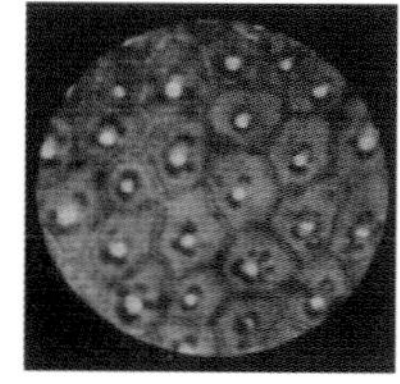

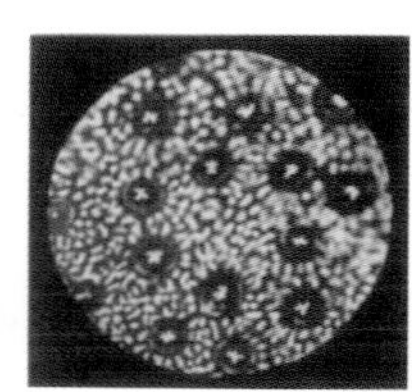

PLANTS HAVE EYES, BOTANIST SHOWS

Prof. Wager Finds Outer Skins of Leaves Are Lenses Much Like Eyes of Insects.

PHOTOGRAPHS WITH THEM

And Pictures of Persons and Landscapes Thus Secured Are Remarkably Clearly Defined.

Special Cable to THE NEW YORK TIMES.

LONDON, Sept. 7.—The interest aroused by the contention made by Francis Darwin, son of the author of

（左）ハロルド・ウェイジャーが、植物の葉の表皮をレンズにして撮影した写真。

（右）『ニューヨークタイムズ』に掲載された報道記事。

〔記事の訳〕植物学者、植物は目をもっていることを明らかに。ウェイジャー教授は、葉の表皮が昆虫の目に酷似していることを発見した。表皮を使って撮った写真は、肖像写真も風景写真も驚くほどはっきりと写っている。


た。肖像写真とイギリスの田舎の風景写真が細部まで写し出されているのを示すことで、植物は視覚をそなえていることを、少なくとも光学の観点から実証したのだ。けれども、その後はとくに進展がなく、生物学の理論、とくに植物に関する理論についてはありがちなことに、ハーベルラントの理論も忘れ去られてしまった。だれもこの理論をわざわざ証明しようともせず、かといって完全に否定しようともしなかった。おそらく植物の視覚は、考察を行なうにはあまりに常軌を逸したテーマであり、時間と資金を〝むだ遣い〟するほどの価値はないと思われたのだろう。

こうして、ハーベルラントの理論は忘れ去られ、息絶え、埋葬された。二十世紀のどんな科学論文においてもまったく言及されなかった。ところが、ここ五年間に次々と驚きの発見があり、単細胞生物に視覚があることが証明され、ハーベルラントの理論も再評価されるようになったのだ。そうした発見は、植物の表皮細胞が単眼のように機能するというハーベルラント

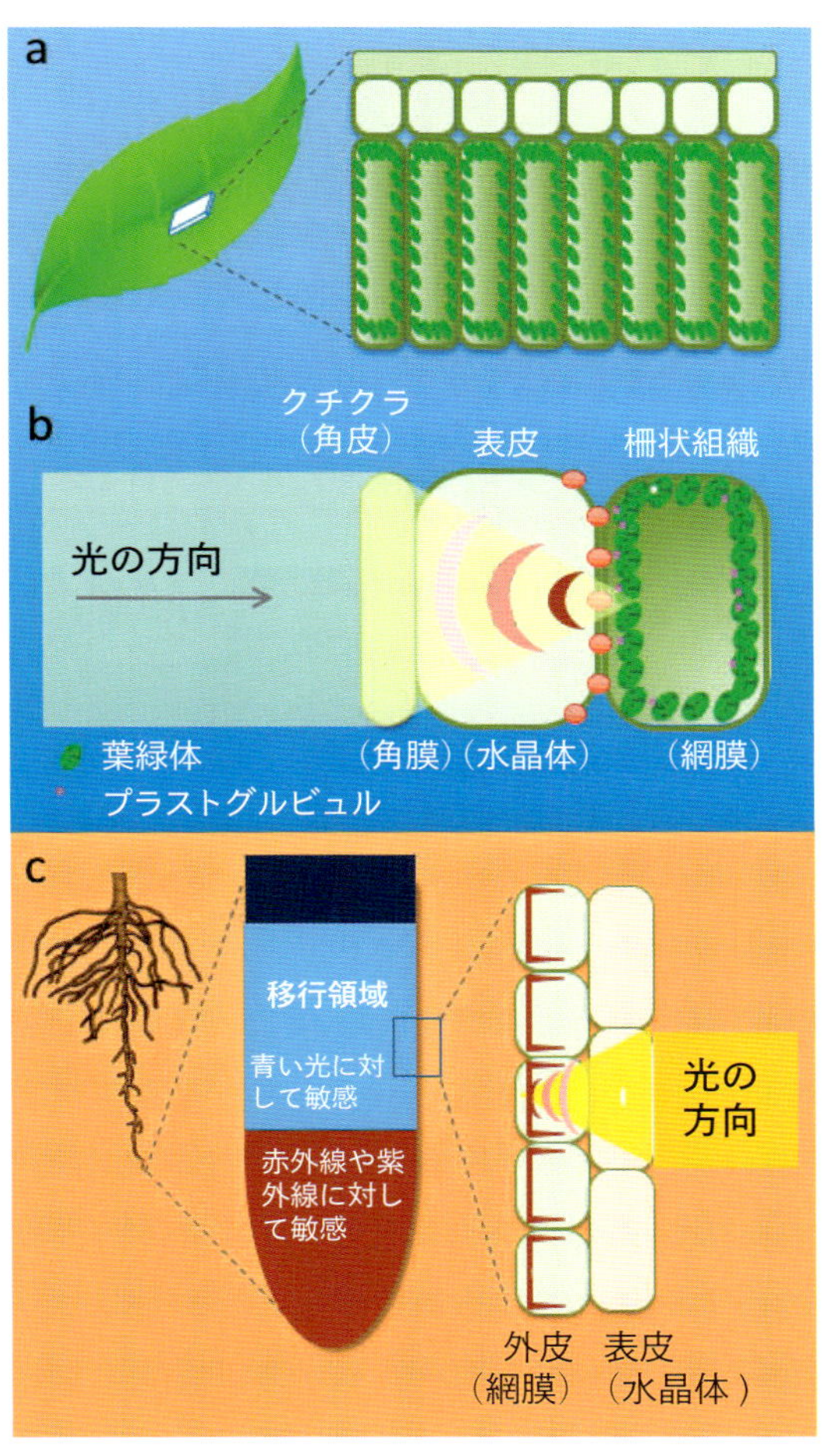

角膜と網膜に似た構造をもつ単眼の典型的な特徴は、葉と根の表皮にも見られる。〔図中のプラストグルビュルは、プラスト顆粒とも呼ばれる。葉緑体内のストロマ（液体）中に見られる球状の顆粒〕

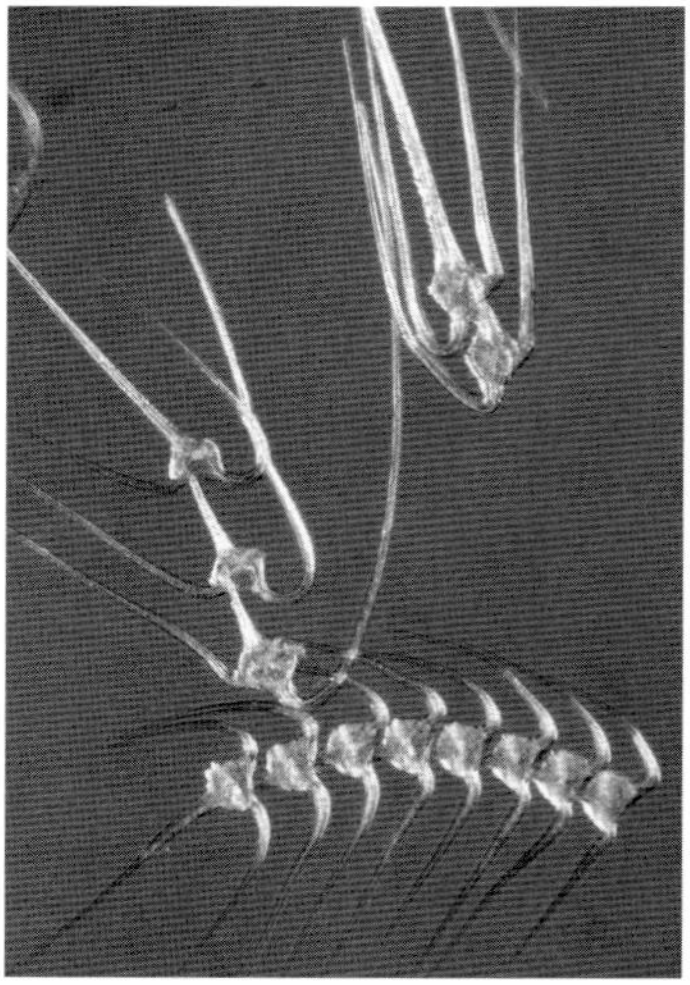

渦鞭毛藻は植物性プランクトンの１つである微小な藻。種によっては複雑な単眼を有している。

の主張を裏づけ、私たちを新たな深い思索へと導いてくれた。

実際、彼の主張は、ボキラの多様な擬態行動のわけをもっともうまく説明してくれる。単細胞生物の多くにそなわっているものが植物にもあるということだ。シアノバクテリアのシネコキスティスsp.PCC 6803という原核生物について行なわれた最近の研究では、この原核生物がさまざまな光受容体を通して光の強さと色を測定し、単細胞をマイクロレンズのように機能させて光源に対する自分の位置を知ることができると証明された。光源の映像が細胞の凸状の膜を通して入ってきて、それが反対側の膜に映ると、光源から遠ざかる運動をはじめるのだ。

ほかの単細胞生物（たとえば渦鞭毛藻のようにもっと複雑な細胞をもつ真核生物）も、驚くほど精巧な《単眼型眼点》〔単純構造の小さな光受容器官〕をもっており、それはレンズや網膜に似た構造によって機能する。このように多くの無脊椎動物が、単眼や単眼型眼点、複雑な視覚器官をそなえている。とはいえ、やはり私たち人間の目とは大きくちがう。実際、視覚について話をすると、私たちはすぐに人間の目のことを考えてしまいがちだが、自然界の視覚システムはもっと多様だ。つまり、植物（少なくとも、ボキラ・トリフォリアータのようないくつかの植物）が原始的な仕組みの視覚をそなえていても、まったく不思議ではない。

私とバルシュカ教授の仮説が正しいのか正しくないのか、気になるところかもしれない。まあ、お待ちいただきたい。これが事実にもとづく理論なのか、それとも無数の理論の一つ、アインシュタインがいっていたように「美しいが、事実に反するまちがった理論」の一つにすぎないのかわかるときが、もうまもなく到来するだろうから。

《生ける石》リトープス

役者は植物界のいたるところで見つけられる。その擬態能力は、ボキラのような派手なものではないかもしれないが、やはり魅力的だ。たとえばリトープスの謎めいた擬態は、ここでとりあげるだけの価値がある。そもそも植物の擬態現象について考えるなら、この巧みな擬態のケースに触れないわけにはいかないだろう。リトープス（ギリシャ語で「lithos」は石、「opsis」は外見）は、ナミビアと南アフリカのとくに砂漠地帯が原産のハマミズナ科に属する。その名が示すように、石に似た植物だ。擬態能力以外にも、原産地の砂漠で生き残るための並外れた適応力をそなえている。

リトープスは、とても控えめな大きさで、二つの葉だけからなる葉状器官をそなえている。葉は割れ目によって二枚に分かれ、その割れ目から花が現れる。葉は水分に満ち、色は変化に富んでいて（筋や斑点があり、緑、赤錆色、クリーム色、灰色、紫色などがある）、小石の形と色合いを完璧に再現している。どこかの市場で《生ける石》《生きている石ころ》という名で売られているのを見たことがあるかもしれない。高温で乾燥した環境でも生き延びるために、できるかぎり小さな体をもつようになり、しばしば地中で暮らし、葉だけが、とくに葉の平らな上面だけが、地面から顔を出し、石を完璧に模倣する。リトープスの葉には、《スリット》、つまり、葉緑素が足りないために透明になった部分があることが多く、そこを通して光が入り、直接には光の当たらない体内の奥まで光が届くようになっている。

棘（とげ）などで身を守れない植物にとって、小石だらけの砂漠の風景に紛れこむメリットは大きい。さもなければ、捕食動物から逃げ延びることはできないだろう。多肉組織の葉に貯蔵されている水が、きわめて貴重な資源になるような過酷な環境においてはなおさらだ。さらに、さまざまな色の組み合わせとその変化は、コミュニケーションの効果的な道具でもある。進化論的な観点からすれば、色の機能は動物学の重要な研究領域なのだが、植物の世界では《植物－送粉者（花粉を運び、受粉させる動物のこと）》関係の中心的な役割を果たしている花はべつとして、色というテーマは残念なことにこれまで無視されてきた。実際、リトープスのような植物は、捕食者から身を隠すために形と色を利用している。

リトープス。卵が半分に割れたような葉が２つある。水を溜めて厚くなり、極度の乾燥状態にも適応できる。

ブロスフェルディア・リリプタナ（*Blossfeldia liliputana*。松露玉〔しょうろぎょく〕）はリトープスと同じく、捕食者を避けるために石に擬態するサボテン。

いっぽうで、それとは逆のメッセージを送信するために色や形を利用する身近な植物も存在する。自身がもつ力や危険性を伝える植物だ。もっとも興味深い例は、秋のあいだに華やかな色彩のショーを見せてくれる樹木たちかもしれない。このように言葉をぼやかすのは、この説がどれほど根拠があるのか、まだはっきりしないからだ。秋の森を彩る赤、オレンジ、黄の色の爆発は、数年まえまでは葉緑素の減少による当たり前の結果と考えられていた。葉緑素がなくなれば緑色で覆い隠されていたほかの色が現れてくるというわけだ。ところが、実際はもっと複雑な何かを示しているのではないか、という疑問が生じてきた。なぜなら、いくつかの種は、大事な資源を使ってまで葉を色づかせるための分子を製造していることがわかったからだ。しかも、葉が落ちてしまう数日もしくは数週間まえに。すぐに失ってしまうような明らかに無益なものに貴重な資源を投資するのは、いったいどうしてなのだろう？　二〇〇〇年、オックスフォード大学のビル・ハミルトンが亡くなる数か月前に提示した理論が、この謎を解き明かしてくれた。彼の研究によれば、秋に葉を華麗に色づかせる樹木は、いわゆる〝誠実な信号〟を送っているのだという。つまり、紅葉は植物のもつ力をアブラムシ（アリマキ）に向けて誇示するメッセージというわけだ。メッセージの発信のために努力していること、すなわち貴重な資源を投資していることをはっきりと示せば示すほど、そのメッセージはますます相手にとって信用に足るものになる。

たとえば、一頭のライオンが視界に入っても、逃げようとせずにその場でバネのように飛び跳ねているガゼルの群れを見たことがあるだろうか？　一見、ガゼルたちはエネルギーを浪費するだけのむだな行動をしているように思えるかもしれない。しかし、実際はライオンに向かって、「私がどれほど力強く頑丈なのかを見よ。捕まえようとしても、おまえは時間とエネルギーを浪費することになるぞ」というメッセージを送っているのだ。同じように樹木も濃く色づくことによって、秋のあいだに移住の頂点を迎えるアブラムシに対して、自らの強靭さと生命力を誇示する信号を送り、ほかのもっと楽な宿主を探すようにうながしている。したがって、アブラムシの攻撃をかなり受けやすい秋に、もっともすばらしい色づきを見せてくれるのは偶然ではない。クジャクの尾や、人間が行なうさまざまなステータスシンボルの誇示も同じだ。どちらも力のアピール以外に説明がつかない。アメリカの生理学と進化生物学の研究者ジャレド・ダイアモンドは、バンジージャンプのように、極度に危険な人間の行動なども、この自然の信号と同じものとして分類できると主張している。

植物の資源としての人間

今日では絶え間ない戦争で苦しんでいるが、かつては《肥沃な三日月地帯》と呼ばれていた中東の地域で、一万二千年まえから一万一千年まえ、農業が誕生した。そして農業とともに、文明が誕生した。人間が狩猟採集生活を捨てて定住し、土地を耕しはじめたとき、植物との共進化の歴史もはじまった。植物のうちいくつかは離れがたいパートナーになり、人間に必要な食料を提供するかわりに、保護と世話を受けるようになる。それだけではない。何といっても植物は、地球全体に自分を拡散してくれる《超有能な運び屋》を手に入れることになったのだ。はじめて契約書にサインをしてから何千年経っても、いまだに契約は有効で、これは双方にとって最高のビジネスといえるだろう。しかも、利益の大きいビジネスだ。今日、三種類の植物――コムギ、トウモロコシ、コメ――だけで人類の摂取するカロリーの約六〇%がまかなわれ、そのかわりにこれらの植物は、世界じゅうどこでも広大な土地を使って栽培され、地球全土へ拡散され、ほかのライバルたちを圧倒している。人間とこれらの植物の関係はあまりにも緊密で、もはや共生とみなすことができる。考えてみてほしい。アメリカ合衆国の市民一人の体を構成する平均的な炭素量の六九パーセントが、たった一つの種、トウモロコシだけに由来しているのだ（家畜飼料用もふくむ）。

しかし、この三種の植物にとっては人間への食料供給を独占すれば得だろうが、人類にとっては自分の生存がわずか三、四種の植物に委ねられるわけだから、得になるとは思えない。カロリー摂取のほとんどをまかなう〝供給元〟の選択肢が少なすぎるからだ。さらに、選択肢はどんどん減ってきている。かつて人類は、もっと多くの種類の植物からカロリーを摂取していた。十八世紀、ヨーロッパで手に入る食用植物の量は、今よりもずっと少なかったにもかかわらず（異国のものや植民地産のものは、どれもまだ流通していなかったため）、日常的に食べる植物種の

人類によって馴化させられた初期の種の１つ、レンズマメ（学名 *Lens culinaris*）。紀元前１万3000年から紀元前１万年のあいだに、人類によって食べられていたことが考古学的に判明している。

数は今日の三倍だった。それより古い時代についてはいうまでもない。農業の発明以前には、人類は数百種類もの多様な植物を食べていた。ようするに、ここ一千年で、人類の生活を支える植物の種類は次第に減り、その流れは前世紀に劇的に加速したのである。まったく困ったことだ。私たちが頼りにしている種の数が少なくなればなるほど、問題が生じる危険性はますます大きくなる。たとえば、コムギかコメが病気に襲われたら（すでに起こっているが）、大惨事になるだろう。損失を出さないようにするためには、投資を分散したほうが戦略としては優れている。

ともあれ、植物にとってこれほど

得になるなら、この流れに乗じた模倣者や詐欺師、または単に利益の一部を横取りしようとするほかの役者が、こぞって集まってきても不思議はない。実際、たくさんの種がトリックや詐欺のテクニックを駆使して、自分も栽培植物であると身元を偽り、得をしようとした。そうした植物による詐欺行為も、擬態現象の一つだ。つまり、人間をだまして注意を惹くために自分自身の特徴を変えるのだ。

農業の誕生以来ずっと、人類は、自らに好都合な植物を選んできた。選択の基準はさまざまで、背丈、形、色、病気への抵抗性、果実や種子の大きさなどだ。ところが、人間がどんな特徴の植物を栽培するか決めると、必ず、その条件に応えることを学んだほかの植物が登場する。そうした植物は変装し、人間に誤って栽培されることで、こっそりと利益を得る。有名な例は、レンズマメをまねるオオヤハズエンドウである。レンズマメは、人間がもっとも古くから栽培していた種の一つ。すでに一万五千年まえに人間が食していた証拠が残っていて、当時から地中海地域できわめて広く栽培され、『創世記』のエサウの逸話にも登場する（二十五章二十九〜三十四節、若き狩人エサウは、レンズマメの料理ほしさに弟ヤコブに長子の身分をゆずってしまう）。

いっぽう、オオヤハズエンドウも、レンズマメと同じ土壌と気候を必要とする。そのためはるか昔から、レンズマメ畑には必ずオオヤハズエンドウも生えていた。とはいえ、そのことは人間にとってたいした問題にはならなかった。オオヤハズエンドウの丸い種子は、レンズマメの種子とは形状が異なり、たやすく取り除くことができたからだ。万に一つもまちがえることはない。だが、オオヤハズエンドウは、そんなふうに捨てられることを歓迎してはいなかった。世代が交代していくうちに、オオヤハズエンドウの種子に最初の変化が現れる。だんだんとレンズマメに似てきたのだ。やがて、形、大きさ、色とも、簡単には区別できないほどになる。こうして、レンズマメの種子に似ているせいで、人間はレンズマメといっしょにオオヤハズエンドウの種子も選んでしまい、栽培するときにはオオヤハズエンドウも植えてしまうことになった。これは見事な策略だった。レンズマメにくっついていることで、オオヤハズエンドウはあらゆる恩恵を受けられるのだから。

植物の世界だけに見られるこうした擬態は、《ヴァヴィロフ型擬態》と呼ばれる。その名の由来は、ロシアの偉大な遺伝学者で農学者のニコライ・イワノヴィッチ・ヴァヴィロフ（一八八七〜一九四三年）である。彼は、この擬態についての研究を行なった最初の人物で、擬態がどのような結果をもたらすかを明らかにした。ヴァヴィロフについては、自著『植物を愛する人間たち（*Uomini che amano le piante*）』ですでに紹介したが、ここでもう一度触れておこう。栽培植物の起源と地理的分布に関する先駆的な書物『遺伝学と農学（*Genetics and Agronomy*）』（一九一二年）の著者であるヴァヴィロフは、栽培植物の種子をしっかりとした保管所に集めておく必要性についても訴えた。種子の保存というヴァヴィロフのアイデアは、サンクトペテルブルク（当時のレニングラード）にある世界初の種子銀行で実現された。現在、もっとも重要な種子の保管施設は、ノルウェー領スピッツベルゲン島にあるスヴァールバル世界種子貯蔵庫だ。この施設の

オオヤハズエンドウ（学名 *Vicia sativa*）は、広く普及した飼料用の植物で、レンズマメに似た種子をつける。

レンズマメには数百の変種が存在する。種子の色は、緑、暗褐色、黄色、オレンジなどさまざまだ。

目的はまさしく、コメ、トウモロコシ、コムギ、ジャガイモ、リンゴ、キャッサバ、タロイモ、ココナッツなど、最重要の種の、昔から受け継がれてきた遺伝子が予期せぬ事態で失われてしまった場合にそなえて、安全な保管のためのネットワークを提供し、遺伝子の多様性を守ることにある。植物種の種子を保存し、少しでも絶滅から保護するよう主張したヴァヴィロフの直感は正しかった。それがいかに重要であるかは、ここ最近、実際に証明されたばかりだ。シリアが戦争によって荒廃した地域でふたたび農業をはじめるために、世界種子貯蔵庫に必要な種子の提供を求めたのだ。ヴァヴィロフは、種子の保存以外にも、遺伝学を活用す

世界種子貯蔵庫はノルウェー領スピッツベルゲン島にある。その使命は、種の遺伝子というもっとも重要な財産が偶発的に失われないよう、安全な保管のためのネットワークを提供することだ。

れば栽培植物を改良でき、ロシアよりもっと過酷な気候条件下でも栽培できるようになる、と熱心に主張した人物でもあった。

この農学と遺伝学の巨人は、スターリンの命令で投獄され、餓死させられた。今日、その存在は完全に忘れ去られている。彼の天敵ともいえる、自称科学者のいかがわしい人物トロフィム・デニソヴィッチ・ルイセンコ（一八九八〜一九七六年）のほうは、「遺伝学なんてまったく科学的な基盤をもたない〝ブルジョワ〟理論にすぎない」などという、いかれた考えを主張していたにもかかわらず、今日ヴァヴィロフよりもずっと知られている。専門家でも彼を評価している人がいるのは、まったくもって不可解だ。まあ、これはまたべつの話だが……。

ともかく、ヴァヴィロフは栽培植物とその活動に非常にくわしかった。人間がある植物の特徴に注目して栽培すると、ほかの植物がそれを擬態し、予想もしない結果をもたらすことを最初に指摘したのだ。「人間にとっていつも残念な結果になるとは限らない。それどころか、今日の多くの栽培植物はこの擬態能力のおかげで誕生した」。ヴァヴィロフはそう唱えていた。

人間と雑草の物語

たとえば、ライムギのケースをとりあげてみよう。少なくとも三千年まえから栽培されているこの穀物は、もともとはコムギとオオムギのそばに生えている雑草だったのだが、種子の特徴がコムギやオオムギと似ていた。雑草がどうやって栽培植物になったのか理解するには、初期の農民の立場になって考えてみる必要があるだろう。私たちの祖先——狩猟採集を基盤とした生活を少しずつ捨てはじめている——が、栽培すべき植物を探すことに夢中になっているところを想像してみてほしい。彼らはどのようなものを気に入るだろうか？　どのような特徴をもった植物を選ぶだろうか？　もちろん種子が大きめの植物を選択するだろう。さらに、穂のようなもののなかにたくさん種子が実っていて、簡単に集められるならなおいい。当然、自発的に種子をまき散らす植物は歓迎されない。地面から拾い集めるのがたいへんだからだ！　狩人から農民へという生活様式の転換は、いたるところで失敗をくり返し、苦労の多い、長く険しい道のりだった。そんななか、コムギやオオムギのように、大きな種子とそれが入る穂をそなえた植物こそが、まさしく初期の農民の望むものだったはずだ。それらが最初に選ばれた栽培植物だったのは確かだろう。けれど人類は気づかないうちに、そんな誉れ高い穀物といっしょに、恐るべき雑草も選択してしまったのだ。

ここから、雑草というあまりうらやましくない役を演じるライムギの物語がはじまる。今日私たちが知っているライムギの祖先は、ヴァヴィロフ型擬態の古典的なケースを見せてくれる。ライムギの祖先はコムギやオオムギによく似ていたために、《肥沃な三日月地帯》の古代人たちは、この紛れこんだ邪魔者をなんとか取り除こうと、種子を慎重に選別しなければならなかった。これは簡単な作業ではなかった。そのため、ライムギはどんどんはびこり、おもな雑草の一つになった。そして、コムギとオオムギの栽培が、原産地からずっと遠くの北、東、西の地域へ広がるとともに、ライムギもその旅の仲間に加わり（植物にとって人間は超有能な乗り物である。それを忘れてはならない）、同じ地域に広がっていく。こうして、冬の寒さがより厳しく、よりやせた土地にたどり着くと、ライムギは雑草としての本来の素質を発揮し、ともに旅をしたコムギやオオムギよりもずっと多くの種子をつくり、短期間でコムギとオオムギの地位を奪いとっていく。こうして、ライムギはどこから見ても立派な栽培植物になったのだ。

ライムギの物語は、ヴァヴィロフ型擬態のハッピーエンドストーリーだが、ほかの多くの雑

ライムギ（学名 *Secale cereale*）は温帯地域に典型的な穀物。擬態（ヴァヴィロフ型擬態）のモデルであるコムギとともにトルコから広がり、3000 年まえにはすでに栽培植物として普及していた。

アマランサスは中央アメリカ原産の植物。その種子は食用になり、穀物に似ている（擬似穀類）。

草の物語はそうはならなかった。たくさんの雑草が、農作業で使用される除草剤への抵抗力をつけてきたことについて考えてみよう。ここ数十年、除草剤の使用量は急激に増加した。自然に少しずつ増加したものもあるが、グリホサートのようないくつかの強力な除草剤は、不自然といえるほど猛烈に増えたのだ。それは、除草剤への耐性をつけた遺伝子組み換え作物を導入したことにも原因がある。たとえば、遺伝子操作によって耐性のついた植物には、グリホサートはまったく効かないため、農業で除草剤を無差別に使うことができる。つまり、主要な作物がまったく被害を受けないなら、迷惑な〝雑草〟をことごとく排除するまで除草剤の使用量を増やしつづけても、だれも文句はいわないだろうというわけだ。その証拠に、この除草剤の使用について不安を誘うデータがある。一九七四年、農業用に使用されたグリホサートは、アメリカ合衆国だけで三六万キログラムだったが、二〇一四年には一億一三四〇万キログラムに達した。つまり四十年のあいだに、三百倍以上にも増えたのだ！

こうした化学の圧力により、標準的な主要作物に混ざりこむ種、つまり先に述べたような擬態する雑草までもが除草剤への抵抗力をもつように進化した。今日、アメリカではオオホナガアオゲイトウ（学名 *Amaranthus palmeri*）――アマランサス属の一種で食用にもなりうるが、ほかの作物の邪魔になるので農民には嫌われている――はグリホサートへの完全な耐性をもっている。トウモロコシやマメの畑に蔓延（まんえん）して広がるので大問題になり、人間はグリホサートの含有量がさらに高い除草剤を使ったり、ほかの除草剤とあわせて使ったりして、この植物と戦っている。

このように、耐性をもつ雑草がいたるところで増えているが、私はまったく困ったことだとは思わない。昔から雑草が大好きだったからだ。望まれない場所で生き延びる雑草の能力は、まさしく知性と適応力を示していて、ずっと魅了されてきた。いずれにせよ、除草剤の投与によって、生態系を破壊しながら雑草の広がりを阻もうとするよりも、環境にもっと優しいほかの技術を使うべきではないだろうか。そのためには、私たち人間は植物と共生することを学ばなければならないだろう。くり返すが、私は雑草が大好きだ。ライムギのように人間にとって有益なものも、ほかのあらゆる雑草のように人間にまったく見向きもされないものも。雑草の広がりを止めようとして環境に及ぼす被害は、雑草が農業にもたらす被害よりもはるかに大きいということをしっかり心に留めておくべきではないだろうか。

第 4 章

運動能力

～筋肉がなくても動く

セイヨウタンポポは、キク科に属する一般的な種。学名（*Taraxacum officinale*）から推測されるように〔officinale は「薬用」の意〕、医学的な効能が古代から知られている。世界各地で見られるために、多くの俗称をもつ。たとえば、《ふいご》《ライオンの歯》《犬の歯》《太った豚》《草原のヒマワリ》など。

意識は変化を通してのみ可能であり、変化は運動によってのみ可能である。

（オルダス・ハクスリー『眼科への挑戦：視力は回復する』）

私は移動する。ゆえに私はある。

（村上春樹『1Q84』新潮社）

それでも、動く！

一八九六年に、《タイムラプス》（インターバル動画）について語るのは、まったくＳＦじみたことのように思えただろう。

タイムラプスは、数時間から数日、あるいは数か月から数年かかる出来事を、数秒から数分の映像に収められるようにする驚きの技術だ。一八九五年十二月二十八日にパリのカピュシーヌ通り十四番地で、オーギュストとルイのリュミエール兄弟による史上初の映画の上映が、三十三人の観客（うち二人は新聞記者）に披露されてから、わずか数か月しか経っていなかったのだから無理もない。

しかし、まさにその一八九六年、映画という娯楽が正式に誕生してからわずか数か月後に、

1878年にマイブリッジが撮影した競走馬サリー・ガードナーの写真。この連続写真の間隔は25分の1秒。

すでに科学者としてのキャリアを積み上げていたドイツの植物学者、ヴィルヘルム・フリードリッヒ・フィリップ・ペッファー(一八四五〜一九二〇年)が、史上はじめてタイムラプスの技術を用いた映像を製作した。ペッファーは、まだ駆け出しのころ、幸運にも史上初のある実験画像を見ることができたのだが、それ以来、何年もかけて自らこの技術の開発に取り組んできた。その実験画像とは、一八七八年に写真家エドワード・マイブリッジが撮影した、競走馬サリー・ガードナーのギャロップの連続写真だ。

それ以来、マイブリッジの連続

撮影技術を活用して植物の運動を撮影し、速度を上げた（つまり長期の出来事を短期に再現する）映像をつくることで、その運動の仕組みを明らかにし、植物の反応に関する研究を総括することが、ペッファーにとってのライフワークとなった。そもそもペッファーは、ヴュルツブルク大学で偉大な研究者ユリウス・フォン・ザックス（一八三二〜一八九七年）の若き助手として働いていたときに、根の重力屈性（重力に反応する行動）の研究に参加したことがきっかけで、植物の運動について関心を抱きはじめたのだ。

この研究は、ペッファーの師とチャールズ・ダーウィンのあいだで、長期にわたる科学的論争を引き起こし、ペッファーもその議論に加わった。ところが、ペッファーの実験結果はザックスではなくダーウィンの見解を支持するものだったので、ペッファーはそれ以上、ドイツで研究を続けることができなくなってしまった。当時、指導教授は絶対の権力をもっていて、その教授に反論することは、大学での出世の道を断たれるのも同然だったからだ。ザックスから非難されて、研究者としての名誉を挽回しなければならなくなったペッファーは、映画がもたらす可能性に気づき、この技術を研究道具に変える方法を模索しはじめたのである。

植物研究の〝革命〟

それまでの数世紀、生物学者も植物学者も、植物の運動について解明することは、あえて避けていた。なんとかして《動物》と《植物》をそれぞれ異なるカテゴリーのなかに押しこめようと躍起になっていたのだ。そのため、すばやい動きを見せる植物はあくまで〝例外〟で、〝異常な変種〟にすぎないと断じてきた。そういった植物は、動物の世界と近いことを強調するために《zoospore》〔zoo（動物）＋spore（胞子）＝遊走子。鞭毛を使って運動する胞子〕と呼ばれることもあった。

今日でもなお、だれもがオジギソウのようなすばやい動きをはじめて目にすると、とても驚く。じっと動かないことこそが、植物を動物から区別する基本的な特徴だと思いこんでいるからだ。

ペッファーは、植物の運動能力をだれもが理解できるように映像化しようとしたが、それは科学史上、はじめての試みだった。リュミエール兄弟による映画の初上映から数か月後、ペッファーは新技術を使った衝撃的な映像を植物学者たちに見せ、彼らをあっといわせることに成功した。はじめて、植物の動きを目で見て、その運動や振る舞いが観察できるようになったのだ。

同僚たちの啞然とした表情に囲まれながら、このドイツの植物学者が次々と見せたのは、チューリップの開花、オジギソウ（またしても）の日中の動きと《就眠運動》〔植物が昼と夜とで葉や花の姿勢を変えること〕、マイハギ〔腕木式信号のように葉が上下に動くことから《信号機植物》とも呼ばれる〕のなめらかな動きだった。さらに最後のハイライトともいうべき映像は、撮影がもっとも難しかった。アリやミミズの地中での動きによく似た、土壌中の根の成長と探査の運動である。

ペッファーのおかげで、何世代もの科学者たちの夢（すでに紀元前四世紀には、アレクサンドロス大王の書記官アンドロステネスが、植物の葉が昼も夜も動くことを記している）が、ついに現実のものになった。タイムラプス技術の発明によって、ペッファーはこれまで目に見えなかったものを見えるようにする技術を、植物学者たちにもたらしたのだ。こうして、ハンス・リッペルスハイが望遠鏡で無限の宇宙を研究可能にしたように（望遠鏡を発明したのはガリレオではない）、またサハリアス・ヤンセンが顕微鏡で限りなく小さなものを観察できるようにしたように、ヴィルヘルム・ペッファーはこの新しい撮影技術を使って、動きが遅いものの研究を可能にした。

だが、それだけでは終わらなかった。それまでは生物というより物体とみなされていた植物たちの謎が解明されると、その運動の驚くような多様性が明らかになってきたのだ。これは、人間の共通認識を覆す正真正銘の〝革命〟だった。

それまでバラやシナノキを美しいと思いながらも無生物のようにみなしていた者たちが、植物に対して新たな関心と敬意を示しはじめた。十九世紀末から第一次世界大戦にかけて、《屈性》（刺激の方向に依存する運動）や《傾性》（外的刺激の方向とは無関係な一定方向への運動）をはじめとするさまざまな運動や反応、さらには認知能力に関する多くの研究が花開いたが、それは偶然ではない。そうした研究の頂点と呼べるのは、一九〇八年九月二日の英国科学振興協会年次会議でサー・フランシス・ダーウィンが行なった報告だ。第３章で述べたように、この会議で、チャールズ・ダーウィンの息子で植物生理学の初の教授でもあったフランシス・ダーウィンは、

マイハギ（学名 *Codariocalyx motorius*）は、アジアの熱帯地域に広く生息するマメ科植物。この《信号機植物》の特徴は、側小葉〔葉軸の左右に並ぶ小さな葉〕を肉眼でもとらえられるほどの速さで動かすことだ。この運動の仕組みはまだ解明されていない。

植物は動物と何ら変わることのない知性をもっていることを、明快な言葉で主張したのである。

今日、植物のさまざまな運動が科学的に記述され、しかも能動的な運動と受動的な運動に分けられ、筋肉がなくても運動が生じるメカニズムが解明されているのは、才能あふれる研究者、ヴィルヘルム・フリードリッヒ・フィリップ・ペッファーのおかげだ。このテーマは、人類のテクノロジーの未来にも影響を及ぼす、きわめて重要な意味をもつ。とくに、新しい素材の開発で大きな役割を果たすにちがいない。

松かさと、カラスムギの芒（のぎ）

植物の運動には、内部エネルギーを利用する能動的な運動と、環境中に存在するエネルギーを利用する受動的な運動がある。たとえば、多くの植物は、昼と夜の湿度差を利用して複雑な運動を行なう。すでに述べたように、一般的に植物の運動は、筋肉のような複雑なタンパク質の組織の働きによるものではない。たいていは〝水力〟運動で、液体であれ水蒸気であれ、基本的には植物の体の組織を出たり入ったりする単純な水の移動によるものだ。

いわゆる〝能動的な運動〟では、細胞膜を通して水が細胞内に浸透し、この水の流れによって細胞が膨張する。そして、細胞が膨張した結果として運動が生じる。水が細胞内に入るのは、細胞内に溶けている成分の濃度が細胞外より高いからで（浸透圧）、水が入ることによって内部の圧力を増し、細胞壁に向かって細胞膜を押し動かし、器官の堅さを増す。その結果として運動が生じる。

植物は、細胞内の溶質の濃度を能動的に（内部のエネルギーを使って）コントロールして、気孔の開閉や開花のような運動を生みだしているのだ。そのため、オジギソウは小葉を閉じ、ハエトリグサはその罠をすばやく動かすことができる。

いっぽう、いわゆる〝受動的な運動〟は、細胞壁の構成要素がもつ吸水力の差によって引き起こされる。細胞壁は植物細胞にしか見られない要素で、葉緑体（光合成プロセスを担う細胞小器官）とともに植物のトレードマークともいえる。動物の細胞には、このしっかりした構造物のようなものは存在しない。

細胞壁は植物の骨格をつくり、堅くして、形を保つもので、基本的には微小なセルロース繊維の集まりでできており、その隙間を構造化多糖、ヘミセルロース、可溶性タンパク、その他の物質からなる柔軟な細胞外マトリックスが埋めている。このしなやかなマトリックスが水分子と混ざり合うと組織が伸縮して、松かさが開いたり、フジの果実が破裂するように開いたり、オランダフウロやカラスムギの種子が地上で運動したりする。

この点で、さらに疑問に思ったり興味があったりするなら、受動的な運動がどのように働いているのか、具体的なケースで確認してみるといい。

たとえば、松かさ（針葉樹の生殖組織をふくむ器官で、学術用語では《strobilus（球果）》）は、死んだ組織とはまったく思えないような大仕事をやすやすと行なう。乾燥した環境では木質の堅い鱗片（りんぺん）を開き、逆に湿度の高いときには閉じるのだ。雨の日に、松かさを観察すれば、松かさがしっかりと閉じていることに気づくだろう。いっぽう、日が出ている昼間には、鱗片は完全に開き、種子をむき出しにする。これは正しい戦略だ。なぜなら、湿度の高い日や雨の日に種子がむき出しになっていると、湿気をふくんで母親たる植物のすぐ脇に落ちてしまい、種子が広く分散されなくなってしまうからだ。

見かけは単純だが、実際は驚くほど複雑なこの運動（それを実行しているのが、内部エネルギーをまったく使わない〝死んだ組織〟なのだから、さらに驚きだ）は、どのように行なわれているのだろうか。カギは鱗片の性質にある。鱗片一つ一つは、肉眼では見分けのつかない二つの異なる組織で構成されている。顕微鏡でよく観察すれば、二つの組織のちがいがわかるだろう。内層は《厚壁繊維（こうへき）》によって構成され、それらが集まって微小なケーブルのようなものをつくっている。いっぽう、外層はもっと太くて短い《厚膜細胞層（こうまく）》によって構成されている。この二つは親水性にちがいがあり、それぞれ異なる吸湿性をそなえている。

一九九七年に、コリン・ドーソン、ジュリアン・F・V・ヴィンセント、アン＝マリー・ロッカが発見したように、摂氏二十三度で湿度が一％増加した場合、厚膜細胞層の伸長率は厚壁繊維の伸長率よりも三三％大きくなることがわかり、謎は解き明かされた。この厚膜細胞層

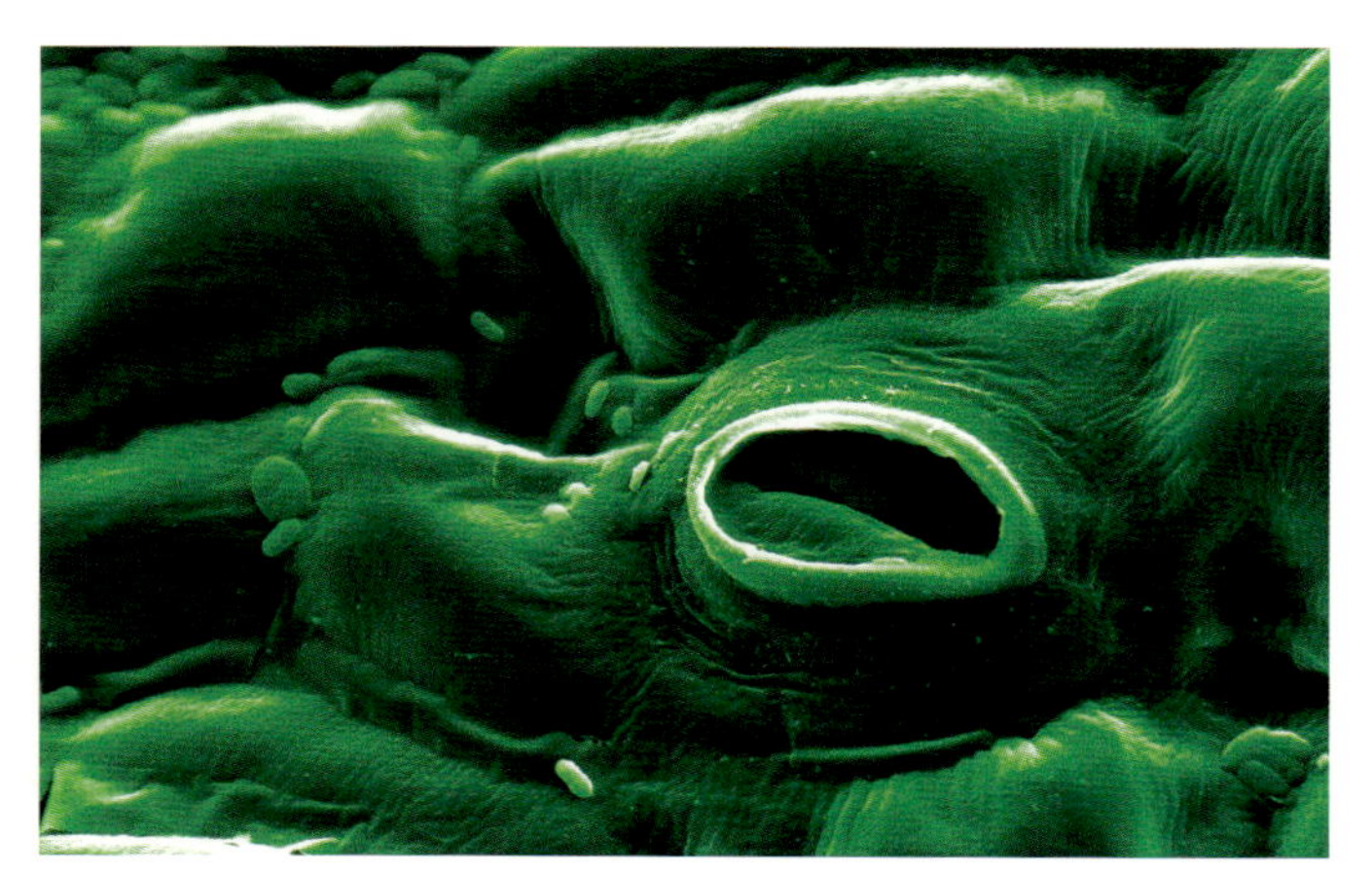

電子顕微鏡によるトマトの気孔の画像。光合成に必要な二酸化炭素が気孔を通して植物内に取り入れられる。

ハエトリグサ（学名 *Dionaea muscipula*。dionea〔ディオネの娘という意味〕は女神アフロディーテの多くの名前の１つ）は、アメリカのカロライナの湿地帯が原産地の食肉植物。

松かさ（球果）は、木質の苞（ほう）からなり、苞のなかにこの裸子植物の種子が入っている。マツの苞はフィボナッチ数列〔最初の２項がそれぞれ１で、第３項以降の項がすべて直前の２項の和になっている数列〕にしたがって螺旋状に配置されている。

と厚壁繊維が水を吸収したり失ったりすると、組織が一定の割合で拡大したり縮小したりして、松かさは微小な開閉ができるのである。

この現象は実験室でも簡単に再現できるため（それどころか一般家庭でもできる。開いた松かさを水に浸して、どうなるか観察してみるといい）、さまざまな研究が行なわれた。その多くが、松かさと同じ機能をもつ人工素材をつくりだすためのものだった。湿度の変化だけで動く素材は、どんなことに応用できるのだろうか。二〇一三年、ＭＩＴのミンミン・マー博士と共同研究者たちは、外部環境との水分の交換によって、急速に膨張や縮小を行なうことで運動を引き起こす高分子フィルムを開発した。このフィルムを使ったアクチュエーター（駆動器）は、二七メガパスカルの圧力を生みだし、自重より三百八十倍重い物体を持ち上げることができる。さらに、このアクチュエーターを圧電素子（振動や圧力を加えると電圧を発生する素子）に接続すれば、ピーク電圧が約一ボルトの電力をつくりだせる。湿度変化しか利用していないにもかかわらず、この電力を使ってマイクロエレクトロニクスや、ナノエレクトロニクスの装置にエネルギーを供給することもできるだろう。

この運動システムはきわめて大きな可能性を秘めており、いろいろな装置の電力供給にも役立つ。たとえば私たちは、樹木の電気活動をモニタリングするセンサーが自給自足でエネルギーをまかなえるように、この原理を利用しようと考えている。

それだけではない。このシステム（ほとんど顕微鏡でしか観察できない大きさだ）は、壁紙や衣服用の繊維などにも使えるだろう。それほど多くのエネルギーを消費しないものであれば、どんなタイプのセンサーや装置でも動かすことができる。そのため、皮膚と接触することで重要な臨床データを測定する布地もつくりだせる。

あるいは、環境パラメーター、ストレスレベルなど、思いつくかぎりのあらゆるデータを測定する布地も開発できる。近い将来、これらすべてが現実のものになるだろう。こうした技術や素材の多くは、植物の働きからヒントを得ている。

もちろん、植物の受動的な運動に秘められた力はこれだけにとどまらない。べつの例をあげれば、芒（のぎ）（多くのイネ科植物の穂に典型的に見られる細長いフィラメント）も、湿度の変化に反応する。カラスムギ属のいくつかの種（たとえば、イタリアの田園地帯や道沿いの耕されていない場所でよく見られるオニカラスムギ、カラスムギ、ミナトカラスムギなど）では、芒は空気中の水分量に応じてねじれるという特性をもっている。この特性は、正確な湿度計を製作するために長いあいだ利用されてきた。

この湿度計を自分でつくってみてもいいだろう。芒が空気中の湿気だけでかなり大きな運動をするのは、みなさんにももうおわかりなのだから、できるはずだ。

具体的にどうやって湿度計をつくったらいいか、説明しよう。まずは、芒の両端を切り落として真ん中の部分だけを残し、そのいっぽうの端を一定の角度で目盛りを振った円盤の中心に固定する。それからもういっぽうの端に、何かの動物の硬い毛、あるいは指針（インジケーター）の役目をする堅くて軽いものを結びつける。そして全体をガラスで覆う。これで自然のすばらしい湿度計が完成だ。唯一の欠点は、保存の問題だろう。芒はそれほど長くは使えない。そのため、ときどき取り替える必要がある。

カラスムギ属には、ヨーロッパ、アフリカ、アジアを原産地とする多くの種がふくまれる。そのなかのいくつかは、数千年のあいだ、人間や家畜の食料として栽培されてきた。

オランダフウロと惑星調査

植物の受動的な運動は風変わりなものばかりだが、なかでも、オランダフウロの種子が見せる運動ほど興味深いものはないだろう。オランダフウロの種子は破裂し、母たる植物から分離する。その後、通りかかった動物の毛皮にくっついて運ばれ、地面に落ちるとゆっくり動きはじめ、土壌に裂け目を見つけてその穴に入りこむ。この一連の流れは、じつに驚異的といっていい。内部エネルギーをそなえた器官でさえ実行するのが難しい運動で、ましてや〝死んだ組織〟にとっては、想像すらできないほど複雑なものだからだ。

オランダフウロ（学名 *Erodium cicutarium*）は、ベランダで育てられているゼラニウムと同じ科（フウロソウ科）に属する優美な植物で、世界各地に自生している。その名は果実の形に由来し、アオサギ（古代ギリシャでは「erodiòs」）のくちばしを思い出させる。葉はドクゼリ属（*Cicuta*）の葉によく似ている。じつは、このフウロソウ科のほかの属にも、渉禽類（しょうきん）（シギやツル、チドリのように長いくちばしをもつ鳥の総称）のくちばしを思い出させる名前がついている。たとえば、「*Geranium*（フウロソウ属）」は、ギリシャ語の「géranos（ツル）」、「*Pelargonium*（テンジクアオイ属）」はギリシャ語の「pelargòs（コウノトリ）」に由来する。

オランダフウロに話を戻そう。かなり広い地域に分布する一年草で、五つの花弁のある紫色の花を咲かせるが、なんといっても種子がじつにユニークだ。銛（もり）の先端のように尖った剛毛の生えた痩果（そうか）からできていて、渦巻き状にねじれた芒も毛で覆われている。それぞれが、一連の驚異的な運動のなかで特別な役割を果たしている。

　私がオランダフウロに興味をもったのは、しばらくまえに、研究所のメンバーの一人であるカミッラ・パンドルフィが、二年間ＥＳＡ（イーサ）（欧州宇宙機関）の特別研究センターで研究を行なったのがきっかけだった。カミッラが所属する部局は、先端構想チーム《アリアドネ》と名づけられ、宇宙技術の最先端研究に関心をもつヨーロッパの学術団体とＥＳＡとを仲介する役割を果たしている。私は以前から、この先端構想チームのことが気になっていた。そのため、カミッラからそのセンターで研究したいが、どう思うかと訊かれたときには、ためらわずに、今すぐ行くべきだと答えた。研究センターでの二年間は、すばらしい経験になるだろう。私たちの研究所はここ数年、無重力下での植物の活動について取り組んでいて、いまだに世界各国の宇宙機関と活発な協力を続けている。カミッラには、きっと自分の家にいるように感じるだろう、とも伝えておいた。

　カミッラは、オランダのアムステルダムから数十キロメートル離れたノールトヴェイクにあるＥＳＡの研究開発センターに移り、その研究は想像以上に興味深いものだった。植物の世界における素材、機能、戦略の事例研究を行なう彼女は、宇宙技術の進歩に新しい展望を開くと期待されていた。ただし、魅力的な研究ではあるものの、実現不可能なようにも思えた。宇宙開発について植物が教えてくれることなどあるのだろうか。すぐにはその答えは見つからなかった。だが、植物は惜しみなく手助けをしてくれ、やがてカミッラは、いくつかの実験テーマを見つけた。そのなかの二つのテーマが、私たちにとっては非常に重要だった。一つは、物体をつかむ人工器官のモデルとしてのつる性植物の研究。もう一つは、エネルギーをほとんど、もしくはまったく使わずに地球外の土壌に入りこんで探査するゾンデ（探針）を製造する際、ヒントになりそうなオランダフウロの種子の研究である。

《パスファインダー》《スピリット》《オポチュニティ》《キュリオシティ》——火星を探査するために派遣された最近のロボットについては、読者のみなさんもご存じかと思う。それに、二〇一四年にチュリュモフ・ゲラシメンコ彗星に着陸した最新の着陸船（ランダー）、《フィラエ》のことも。どのミッションでも、地面に穴をあけ、ある程度の深さで土壌サンプルを採集して分析することが、重要な目的の一つだ。実際に、水の発見（地表下では氷の状態かもしれない）、土壌の化学成分の調査、さらには微小な生命の存在可能性の調査など、さまざまな探査を行なうために天体の地面に穴を掘ることは、世界じゅうの宇宙機関にとって優先課題の一つとなっている。宇宙にどのような機械を送りこもうとも、無数の条件を確実にクリアするものでなければならない。なかでも、絶対にクリアしなければならないのは、次の二つの条件だ。一つ目は、できるかぎり軽量なこと。二つ目は、エネルギーの消費量が最小なこと。重量とエネルギーの問題は、どのような宇宙技術にも必ずついてまわる足かせだ。そのため、軽量でエネルギーをほと

オランダフウロ（フウロソウ科）は、地中海原産の一年生または二年生植物。

んど消費せずに運動し、地面を貫くことのできるオランダフウロは、ＥＳＡにとって重要な研究対象となった。考えてみていただきたい。このちっぽけな種子を動かす仕掛けを、はたして私たちは再現できるだろうか。

すべての植物がそうだが、オランダフウロも自分の種子をできるだけ広範囲にまき散らす必要がある。そのために母たる植物は、自分のそばに子どもたち全員を置いておこうなどとはしない。逆に、あらゆる戦略を講じて、子どもたちを遠くに追いやろうとする。こうした戦略は進化論的に重要で、多くの正当な理由がある。最大の理由は、子どもたちが互いに競い合わないですむようにすることだ。

こうして植物は自分の種子を拡散させ、

春になると、オランダフウロは果実が熟して形が変化し、その圧力によって種子がはじけ、外に飛び出す。

生き延びる可能性を最大にするために数々の方策を生みだした。オランダフウロの場合は、爆発的な運動からスタートする。まず、多数の種子が身を寄せ合ってバネのように力学的なエネルギーを蓄える。このエネルギーが増大しつづけ、虫が軽く触れたり、動物がそばを通りすぎたり、風が吹いたりして、少しでも力のバランスが崩れると、ただちにエネルギーが解放され、種子がはじける。文字どおり種子は〝発射〟され、数メートルも先まで飛ばされる。鉤爪（かぎづめ）のようなもので動物の毛皮にくっつき、母たる植物から数キロメートル運ばれることもある。

地面に落ちると、新しい冒険のはじまりだ。種子の長い芒（精子の形によく似ている）は、空中の湿気の影響でねじれ、回転をはじめる。種子に生える剛毛が移動を手伝って、地面の小さな穴を見つけると、頭を下にした体勢をとる。すると、穴のなかに入った鉤の先端に、昼と夜の湿度変化が引き起こす芒の回転が加えられ、推進力を得て、地面にしっかりと突き刺さっていく。芒が回転するごとに、種子はさらに地中深く押しこまれていく。おまけに先端は尖っているので、芒が右に回転しようが左に回転しようが、地面に潜りこみやすい。数日経つと（つまり昼と夜が数回交代したあと）、種子は何センチもの深さにまで到達し、発芽してオランダフウロに成長する準備を整える。

カミッラと先端構想チームの研究員たちが、なぜ一年もかけてこの驚異的な植物の能力と戦略をあらゆる面から詳細に研究したのか、おわかりだろう。将来、無人の惑星調査ミッションで使用する地中探査用オートゾンデが開発できるかどうか検討するために、月、火星、小惑星の地表とよく似た力学的特性をもつさまざまな地面で、オランダフウロの種子の能力が研究されたのだ。

運動モデルのデータを集める

さまざまな運動を調べるには、ビデオ撮影技術を活用する必要がある。オランダフウロの運動には、ゆっくりとした動きと非常に速い動きがある。ゆっくりとした動きについては、本章の冒頭で紹介したペッファーが発明した技術を活用し、速い動きを詳細に研究するには、動きをスロー再生するビデオカメラを設置する。したがって、地中に深く潜っていくような非常に遅い運動の分析には、昼と夜の湿度差が生みだすきりもみ回転が目に見えるようにするため、タイムラプス技術が必要だ。また、種子の破裂や発射、地面への着地の研究には、ハイスピードカメラが役立つ。

これがなかなかたいへんだった。私たちの研究所はタイムラプス技術にはくわしかったが、種子の破裂と飛散という高速運動を撮影するにはどうすればいいのか、よくわからなかったからだ。結局、このような撮影にはさまざまな機材や能力が必要で、撮影方法をマスターするには少し時間がかかった。とくに、破裂の瞬間を撮影する方法がなかなか見つからなかった。非実用的なアイデアなら、あふれるほどあったのだが（私たちが考えた単純な方法に加えて、研究所を訪れた人が私たちを助けなければという気になり、ひねりだしてくれたありとあらゆる方法など）。問題は、種子の破裂を二回か三回記録するだけでは、だめだということだ。湿度や温度の異なる条件下で、さらには地球外の土壌をできるだけ再現したさまざまな地面の上で、数千回の撮影を行なわなければならない。あらゆる実験条件が整ったタイミングに合わせて、種子を〝意のままに〟はじけさせる装置が必要だった。

録画を開始してから、オランダフウロが〝爆発〟するのをじっと待つしかないまま、さらに一か月が過ぎた。ＨＤ解像度で毎秒数千フレームの画像を記録しつづけるので、数分の撮影ごとにデータの保存量は膨れ上がった（一秒間の撮影に何ギガバイトも必要だった）。だが、数時間分の記録を保存できる大容量の記憶媒体をもっていなかった私たちは、壁にぶつかっていた。一か月のあいだに記録できたのは、わずか二度の爆発だけ。今後どうやって研究を進めていけばいいのか、役に立ちそうなアイデアはなかった。ところが、ついに運命の日がやってきた。研究所を見学しに来たある中学生の服のポケットのなかに、偶然にも（というより幸運にも）解決策が入っていたのだ。研究所に入るまえ、見学者には、（若い学生にも年配の人にも）守るべきマナーについて短いレクチャーを受けてもらう。たとえば、どんなものにもけっして手を触れてはならない、など。繊細な機器が壊れたり、進行中の実験がだめになったりしてしまうのを防ぎ、見学者がけがをしないようにするためだ。だが、その日、幸運にも一人の生徒がこの規則を破った。

見学者たちがオランダフウロの実験に使っていた装置の近くに来ると、私の共同研究者の一人がこの植物の特殊性について説明をはじめた。そのとき、一人の少年が大声で叫んだ。「あっ、オランダフウロだ！」。そしてポケットから細い木の棒を取り出すと、まだ植物についていた種子をつついた。ちょうど種子と種子とが重なっているところを。すると、いきなり種子がはじけたのだ。引率していた教師が、決まりを守らない生徒のために謝罪し、見せしめとして罰を与えると約束していたとき、私はといえば、この素朴な行為がもたらした結果に心を奪われていた。野生のオランダフウロがたくさん生えるフィレンツェ近郊から見学に来たこの生徒は、野原で遊びながら、どうすれば種子の破裂を起こせるかを自然に学んでいたのだ。種

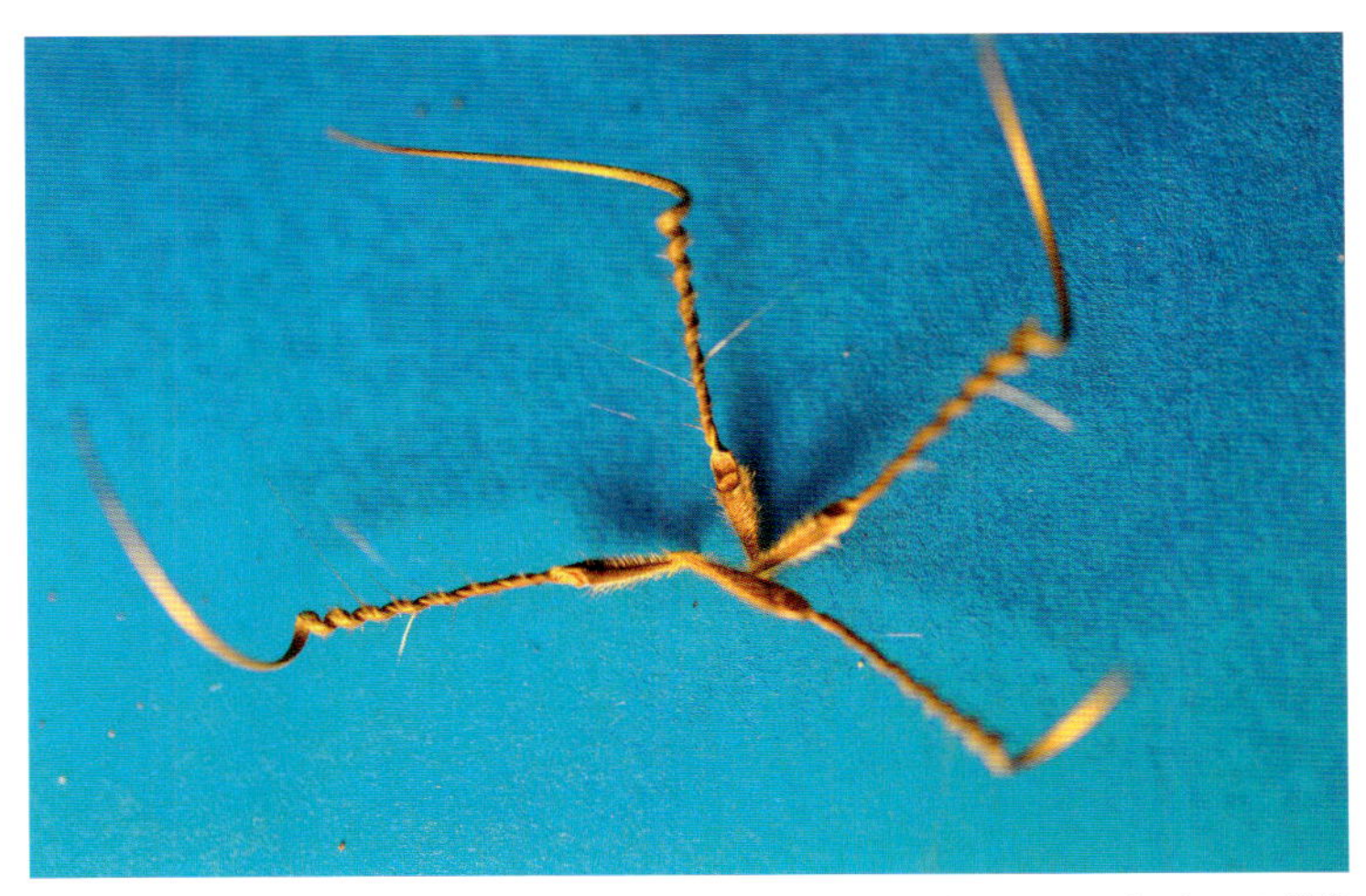

オランダフウロの長い芒は２つの役割を果たす。１つは、春の爆発を引き起こす推進剤として。もう１つは、種子が自ら地面に潜りこむための装置として。

子どうしが接触しているところを、ごく軽く触れるだけでいい。そうすれば、種子を留めていた弾性力が解放される。ついに私たちは、爆発を引き起こすための実用的な手段を手にした。これで研究を進めることができる。それから数か月のあいだ、私たちはこの〝コントロールされた爆発〟をくり返し引き起こしたのだった。神よ、規則を守ろうとしない子どもたちをとこしえに守りたまえ！

研究によって得られた知見のおかげで、現在では、オランダフウロの種子の細かな各部分が、それぞれ決まった役割をもつことがわかっている。地面を貫き、地中に入りこむ能力は、次の点と深く関わっている。

a．種子の形状
b．芒の構造と、湿度に関係した芒の運動
c．芒の不活発な箇所
d．心皮（しんぴ）〔雌しべを構成する特殊な葉のようなもの〕に生えている毛と、芒に生えている毛

集められたデータは、オランダフウロの運動モデルをつくるために使われた。そのモデルは、この魅力的な植物の特性をくわしく記した分厚い資料（興味があればネット上で見られる）とともにＥＳＡに届けられた。きっと、いつかだれかが、オランダフウロからヒントを得た宇宙探査ゾンデを実際に製造してくれるだろう。そうなったら、ほんとうに幸せだ。私たちは役目をとりあえずは果たせたのだから。

第 5 章

動物を操る能力

～トウガラシと植物の奴隷

ニシキヒルヤモリは、モーリシャス地方特有の昼行性の小さなヤモリ。この島の多くの植物種にとって送粉者の役割を果たしている。

麻薬をやっているときには、売人は恋する者にとっての恋しい相手のようなものだ。

（ウィリアム・バロウズ『ジャンキー』鮎川信夫訳、河出文庫、2003年）

ちなみに、腐った食べ物をごまかすためにスパイスが使われるという広く流布されている話は、よく考えてみればおかしい。たくさんのスパイスを手に入れられる者なら腐った肉を家に置いたりはしない。いずれにせよ、スパイスはそんな風に使うにはあまりにも貴重だった。

（ビル・ブライソン『アット・ホーム：私生活の小史（*At Home: A Short History of Private Life*）』）

ペテンの技術

植物は生まれた場所から移動することができないため、動物に協力してもらわなければならないことも多いが、それがとくに必要となる時期がある。種子をまき散らしたり、受粉を確実に行なったり、敵から身を守ったりするときだ。たいてい、利用された動物は植物から報酬がもらえる。花粉を運ぶ場合は、栄養源となるおいしい蜜がもらえる。たとえば、鳥は種子を拡散する代償として実をもらう。人間は地球上で最高の運び屋で、あらゆる場所に植物を運んでくれる。そのかわりに、食料や美しいものを観賞する喜びを手に入れる。

しかし、動物と植物の関係は実際にはそれほど単純ではない。植物が自分に有利になるような意地の悪い行動をとることも、ままあるからだ。そんなとき、動物は植物に奉仕したにもか

ラシャカキグサ（学名 *Dipsacus fullonum*）は、動物の毛皮にくっつくために進化した構造をしている。長いあいだ、羊毛を梳（す）く道具として使われてきた。

かわらず、何ももらえないまま植物に利用されてしまう。ゴボウの種子をはじめ、ほかの多くの〝ヒッチハイカーたち〟は、動物の毛皮にくっついて遠くまで移動するが、運んでもらったからといって報酬など何も支払おうとしない。

つまり、植物は動物をだまして手伝わせたり、自分の利益になるような行動をとらせたりする。ここまでの話はすでによく知られているだろう。詐欺、ペテン、情報隠しは、植物をふくめ、あらゆる生物が行なっていることだ。それでも、植物が動物をどんなふうに操作——とりあえずこの言葉を使っておこう——するかを実際に見てみると、予想よりはるかに興味深いことがわかるだろう。

ネソコドン・マウリティアヌス（*Nesocodon mauritianus*）は、モーリシャス島固有の珍しい種。1980年代終わりに、赤い蜜を分泌してヤモリをおびき寄せて授粉させることがわかり、有名になった。

蜜の密売人

十九世紀半ば、今日では忘れられてしまった重要なイタリアの植物学者、フェデリコ・デルピーノ（一八三三〜一九〇五年）と、偉大なるチャールズ・ダーウィンの二人は、ある問題について熱心に文通を続けていた。その問題とは、花以外で分泌される蜜についてである。二人の意見は真っ向から対立した。植物の多くの種は、蜜を花のなかだけではなく、枝や芽、葉腋〔植物の茎で、葉の付け根の内側部分のこと〕でも分泌できる。花のなかの蜜が、送粉者を呼び集めるとともに彼らへの報酬となるのはすぐわかるが、花以外の蜜の働きは長いあいだ謎に包まれていた。ダーウィンは、花の外に現れる蜜は、捨てるべき余分なものだという意見だった。いいかえれば、花外蜜腺（かがいみつせん）は、もともと何らかの理由でつくりすぎた物質を外に吐き出すための排泄器官だということだ。さらにダーウィンは、進化の過程で、花の蜜腺もこの排泄器官から発達したとさえ主張した。

デルピーノは、このダーウィンの理論にまったく同意できなかった。植物がこれほど甘い物質、つまりエネルギー価の高い物質をむだ遣いするなど、彼には考えられなかったのだ。これほど糖分の多い生産物が〝余剰物〟にされるなどありえない。植物がこうした貴重な資源を捨てるのなら、そのかわりに何か〝自然の利益〟を得ているはずだ。つまり、花以外で分泌される物質も、花の蜜と同じ働きをもっているにちがいない、と考えたのである。たとえば、昆虫を呼び寄せるといったことだ。もちろん、植物が昆虫を花のなかに呼び寄せる理由は明らかだが、どうしてそれ以外の部分にまで昆虫を呼ばなければならないのだろう？　枝や葉の上を昆虫がうろつくと、どんなメリットがあるのだろう？

数年の研究のあと、デルピーノが見つけたその理由は、《ミルメコフィリア（好蟻性（こうあり））》（ギリシャ語の「múrmex〔アリ〕」と、「philos〔友だち〕」から）というおもしろみのない名前で知られるようになった。いったいどういうものだろう？　一八八六年に、デルピーノは三千種の植物の好蟻性について論文を発表したが、それによれば、好蟻性とは、花外蜜腺を使ってアリを引き寄せ、そのかわりにほかの虫や捕食者から身を守るための性質だ。植物が動物と築き上げた無数の対等な協力関係の一つといえる。捕食者から守ってくれるお返しとして、甘い蜜がアリに提供されるのだ。

植物とアリの協力関係には、驚くほど徹底されたものもある。一例は、アフリカや南アメリカ原産のアカシア属のさまざまな樹木とアリとの関係だ。アカシアはアリを養うために独特の実をつけ、樹木の内部に特別な場所も提供する。アリはそこで生活し、幼虫を育てる。それだけではない。テレビショッピングが視聴者の購買意欲をかき立てるために、たえず商品を紹介しつづけるように、アカシアはアリに対して、食べ物、宿泊所、さらには花の外で分泌する蜜というフリードリンクまで提供する。かわりにアリは、アカシアに害を与える恐れがある動物や植物――それがどんなに攻撃的な相手でも――から宿主を守りぬく。アリはその仕事を巧みにやってのける。よこしまな考えを抱いて近づこうとするほかの昆虫を遠ざけるだけでなく、自分より数十億倍も大きな体の動物にも果敢に立ち向かう。アリがゾウやキリンのような巨大な草食動物に嚙(か)みついて、木に近づくのを思いとどまるまでけっして離そうとしないのも珍しいことではない。

アリの防衛活動は、どんな大きさの動物をも木から遠ざけるだけにとどまらず、もっと過激だ。アカシアから数メートルの範囲内に生えた植物は、無慈悲にもアリにぼろぼろにされる。そのため、アマゾン川流域の森では、アカシアを中心とした完全な円形の空き地ができている。そこにはどんな植物も生えていない。現地の住民は、その空き地を、説明できない不可思議な現象とみなし、〝悪魔の庭〟と呼んでいる。こうして見ると、植物とアリの協力関係は双方に

アリは、多くの植物種の枝、芽、葉腋でつくられた蜜の魅力には抗えない。

とってすばらしいといえるだろう。

これは一見、古典的な相利共生のように思える。だが、そうともいいきれない。近年、数多くの研究が、単なる共存関係に見えるその裏側にあるものを明らかにしてきた。のどかで便利な相互関係の背後には、操作と詐欺が横行する卑劣な物語が隠されているようだ。そこには、悪役の衣装をまとったアカシアが登場する。

すでに見てきたように、植物が花以外でつくる蜜はエネルギー価の高い甘い液体だ。糖類以上にアリを引きつけるものがないことは、だれもが知っている。そのため、以前からずっと、花外蜜腺から分泌される蜜にアリが集まるのは、その蜜にふくまれる糖分を求

カマバアカシア（学名 *Acacia auriculiformis*）の種子。黄色の仮種皮（かしゅひ）が特徴的。仮種皮は、胚珠（将来の種子）の柄が肥大化したもの。

めているのだと考えられてきた。しかし、蜜は糖だけでできているわけではない。ほかのさまざまな化学物質、たとえばアルカロイド、γ‐アミノ酪酸（GABA）のような非タンパク性アミノ酸、タウリン、β‐アラニンなどもふくまれている。こうした物質には、動物の神経系を制御する重要な作用があり、神経の興奮をコントロールして行動を支配する。たとえばGABAは、脊椎動物にとってもアリのような無脊椎動物にとっても、基本的な抑制性の神経伝達物質だ。そのため、アリに花の外の蜜を摂取させることで、体内におけるこの物質の濃度を変え、行動に変化をもたらすことができる。さらに蜜にふくまれているアルカロイドは、同じアルカロイドの仲間（あるいは類似物質）であるカフェイン、ニコチン、ほかの多くの物質のように、アリ（または、蜜を摂取して花粉を運ぶ他の昆虫）の認知能力に影響を及ぼすだけでなく、蜜への依存を引き起こす。

アカシアの樹木もほかの好蟻性の植物と同じように、花の外の蜜にふくまれるこれらの物質の生産を調整して、アリの行動を変化させられる、ということが最近の研究でわかった。つまりこうだ。狡猾な麻薬密売人のように、アカシアはまずアリを引き寄せ、アルカロイドが豊富な甘い蜜で誘惑し、アリが蜜への依存症に陥ると、次はアリの行動をコントロールし、アリの攻撃性や植物の上を移動する能力を高める。そのすべてが、蜜にふくまれる神経活性物質の量や質を調整するだけでできてしまう。植物にとって、無防備で受動的でありつづけていることは、決して不幸ではない。地面に根づいているからこそ、化学的な手段で動物を操作する能力を身につけられたのだから。

《トウガラシ食らい》との最初の出会い

私たち人間だけは、動物を操るこの繊細な植物の魔術から逃れているとは思わないでほしい。それどころか、その反対だ。まずは、トウガラシの例を見てみよう。

私は、トウガラシの大食らいを誇りとする土地、イタリア南部のカラブリア生まれだ。でも、カラブリアのだれもが《トウガラシ食らい》というわけではない。《トウガラシ食らい》は、トウガラシと独特の関係にある者からなる特別な種族なのだ。私が《トウガラシ食らい》とはじめて出会ったのは幼いころだった。

当時の私にとって、さまざまな出来事や変わった人々との出会いなど、あらゆる経験が驚きの連続で、世界は魔法に満ちているように感じていた。そのころのもっとも強烈な記憶の一つは、八月に家族で招待された結婚式にまつわるものだ。私の家族なら、こんな暑い時期には、結婚式に限らずどんなセレモニーも行なうことはなかっただろう。きちんとジャケットを着て、ネクタイを締め、永遠に続く南部の伝統的な結婚式――その後、結婚式というものは世界じゅうどこでも、たいして変わらないとわかったが――に出席するとなると、どんなに立派な人でも耐えがたい猛暑のなか、教会での待ち時間から最後のダンスまで十四時間以上も、生き地獄を味わうことになる。

さて、私が出席した結婚式では、教会での挙式後、昼食会のために海岸に向かった。食事の場所がどこかのレストランだったのかだれかの家だったのか、正確には覚えていない。でも、私の心には、〝正装〟で食事をしなければならないときの恐怖心がはっきりと刻まれている。当時の私は、すでに食事の責め苦に対しては鍛えられていた。何でも食べたりせずに、ほんとうに好物のものだけを食べる術を身につけていたのだ。

この退屈で果てしない一日を無事に生き延びるには、頭を使って慎重に食べる以外にも必要なことがあった。冒険小説一冊と漫画数冊を入れたバッグをいつも携帯しているのだが、これは、私が何年も続けていた退屈に対する戦略だった。ところが、その日の結婚式以来、こうした儀式に臨むときに小説や漫画が必要なくなった。というのも、そのとき、はじめて私は《トウガラシ食らい》に出会ったのだ。もちろん、トウガラシがあちこちで使われていることはよく知っていた（父は、大人になってからこのスパイスの信奉者となり、コーヒー以外のどんなものにもたくさん入れていた）。私もカラブリア人として、当然のように辛い料理を習慣的に口にしていた。とはいえ、本物の《トウガラシ食らい》は、それとはまったく別次元の存在だった。

その《トウガラシ食らい》は五人組だった。まるでどこかの在世会（カトリック教会の平信徒による自発的な活動団体）の会員であるかのように、五人全員が同じ服装だった。ジャケット、ベスト、ネクタイ。黒い服一式はとても重そうで、まるで黒いラシャでできているかのようだった。今考えると、この衣服の記憶には、空想が混じっているかもしれない。ともあれ確かなのは、彼らが同じ一つのテーブルに近づいたということだ。全員の動きが奇妙に合っていた。何度も練習した振り付けどおりに演じているかのようだった。五人が同時に椅子を動かし、同時に座り、それから……奇跡が起こった！　五人は動きを合わせながら、おのおのがポケットから自分のトウガラシの大きな束を取り出したのだ。クロワッサンのような形の赤や緑のトウガラシ。おまけに、とてもきれいだった。それをテーブルの上の自分の皿の隣に、赤ワインのグラスとフォークのあいだに――ようするに左手が届くところに――うやうやしく置くと、食事の準備をした。

私のテーブルはすぐ近くだったので、彼らのようすがよく見えた。真面目そうな人たちで、ほとんど笑うこともなく、少し不安そうな顔をしていた。何かを待っているようだった。パーティーについて短いコメントを交わし、ときどき手を自分のトウガラシの束に優しく置いて、個々の実の手触りを味わったり、同じテーブルのほかの会食者のトウガラシにさりげなく視線を向け、自分のトウガラシと比べたりしている。彼らの手は無骨で黒く日に焼けていたが、小さくてとても辛いその〝友だち〟を愛情こめて触っていた。

ウェイターが彼らに給仕をはじめると、ついに私は、世界のあらゆる地域で《トウガラシ食らい》が見せている、トウガラシを食べるときのお決まりの動きをじっくり観察することができた。右手で食べ物を口に運びながら左手は一本のトウガラシをしっかりと握りしめる。どんな食事にもこのようにして挑むのだ。そして、食べ物を口に入れると、トウガラシをひとかじりする。ひと口、ひとかじり、ひと口、ひとかじりの順番でどの料理に対してもメトロノームのように正確に、ひと口、ひとかじりを続けていく。本物の《トウガラシ食らい》の特徴は、〝どんな料理もとにかく辛くしなければ食べられない〟ということと、食べ物の次にトウガラシという交互の順番にある。

そのときの光景は今でも完璧に覚えている。一本を食べつくし、べつのトウガラシをロザリオのような束から引き剥がすときにも一定のテンポを保ち、リズミカルな動きだ。長年の習慣のせいか動きはスムーズで、すべてが完璧なメカニズムとして機能していた。私は、この五人の動きは、どこか遠くの国で身につけたエキゾチックな風習のせいなのだろう、と子どもらしい想像をしていた。ところがその後、私はたくさんの《トウガラシ食らい》に会い、そうではないことがわかった。カラブリアでも、中国、ハンガリー、チリ、モロッコ、インドなど、世界じゅうどこでも、彼らは一様に、どんな料理でも自分用のトウガラシをかじりながらでないと食べられない。フォーク、箸、手など食事にどんな道具を使うかは関係なく、自分を《トウガラシ食らい》だと自覚している者は必ず、どの地域でも〝料理ひと口、トウガラシひとかじり〟で食べるのだ。

残酷な暑さのなか、黒くて重い衣服を着て大量にトウガラシを食したにもかかわらず、この紳士たちは汗一つかいていなかった。そのことが何より驚きだった。こんなことがあるの？　私はカラブリアの灼熱の太陽の下で溶けているのに、彼らの額には汗の一滴すら見えない。涼しいイングランド南部コーンウォールでピクニックしているみたいに、さらさらしている。そのことに興味をもった私は、しばらくすると勇気を出して彼らの一人に質問してみた。熱心に食べているそのトウガラシは〝ふつう〟のトウガラシなのか、それとも汗をかかないでいられる辛くない特別な種類のものなのか、と。

読者のご想像どおり、これは軽率な質問だった。《トウガラシ食らい》に向かって、そのトウガラシは辛いのかなんて絶対に訊いてはいけない！　長年のトウガラシの乱用によって赤く腫れた《トウガラシ食らい》の舌の表面は、ひりひり痛む程度では何も感じないのだ。私が質問した相手は、親切にも一切れ試してみるように勧めてきた。ごく小さな切れ端だった。だが、それを口にしただけで、私はいやというほどわかった。まるで溶岩のなかに飛びこんだような経験だった。だれもが知っているこのうえなく不快な感覚。それなのに、地球の住民の三分の一以上、およそ二十五億人が、毎日、規則的にこの苦痛を自ら求めている。どうしてなのだろう？

地球でもっとも辛いトウガラシを求めて

この問いに答えるまえに、騒動の発端である植物について少しばかり説明しておこう。〝ペペロンチーノ〟〔英語のペッパー、フランス語のピマンなども同様〕という言葉は、一般的なトウガラシ属の総称だ。ピーマンもトウガラシ属に入る。トウガラシ属のほとんどすべてが、ひりひりする感覚の原因である化合物カプサイシンを大量につくりだす（辛くない種はほとんど存在しない）。もっとも大量に栽培されている五つの種は、トウガラシ（学名 *Capsicum annuum*）、キダチトウガラシ（学名 *C. frutescens*）〔沖縄の島とうがらしもこの種〕、ロコト（学名 *C. pubescens*）、キイロトウガラシ（学名 *C. baccatum*）、シネンセ種（学名 *C. chinense*）〔ハバネロやキャロライナ・リーパーなどが有名〕だ。多年生の低木だが、気候条件によっては一生が短くなるため、ふつうは一年生の草本として扱われている。トウガラシ属はアメリカ大陸原産といわれ、八千年ほどまえから栽培されている。ネイティブ・アメリカンにとっては、食べ物としてだけ

イタリア語の「ペペロンチーノ（トウガラシ）」という言葉は、メキシコ原産のトウガラシ属（*Capsicum*）（ナス科）の多くの種の実をさす。

辛さの“世界記録保持者”《キャロライナ・リーパー》(2013年時点)。毎年、世界じゅうの約400万ヘクタールの面積を使って3300万トン以上のトウガラシがつくられている。

でなく、医学的にも非常に重要な植物だった。
　そして、コロンブスが最初の中央アメリカ遠征から戻るときに、トウガラシはヨーロッパにもたらされた。その結果、“新世界”原産のほかの食べ物のご多分に漏れず、たちまち世界規模で広がり、幅広く消費される植物になった。一世紀も経たないうちにトウガラシは、イタリア、ハンガリー（ここでパプリカが生まれた）、インド、中国、西アフリカ、韓国などの食文化に入りこんだ。その進撃はやむことなく、トウガラシは、アメリカ大陸からもっとも遠く離れた場所までも征服した。

トウガラシがこれほど熱心に求められるようになったのは、まさに辛みをもたらす成分のおかげだ。辛さの度合いを示すために、一九一二年、アメリカの化学者ウィルバー・スコヴィルは辛さの尺度《スコヴィル値》を考案した。そのベースとなる測定法は、《スコヴィル味覚テスト》と呼ばれている。このテストには、トウガラシのエキスを溶かしたものが使われる。被験者グループがまったく辛みを感じなくなるまで、この溶液を砂糖水で薄めつづけ、その希釈の倍率が大きくなればなるほど、辛いということになるのだ。この希釈の倍率が、辛み単位であるスコヴィル値（Scoville heat units: SHU）に対応する。甘いピーマンはゼロSHUで、純度一〇〇％のカプサイシンは一六〇〇万SHUである。スコヴィル辛み単位一六〇〇万は、トウガラシの辛みの最大絶対値を表し、光速や絶対零度のような物理定数と同じ意味をもつ。《トウガラシ食らい》にとって聖杯のようなもので、けっして超えることのできない絶対限界なのだ。

毎年、合法、非合法を問わず、品種改良のあらゆる技術を駆使して、トウガラシのきわめて辛い新種や優れた品種が多数つくられている。目的は、辛さを強くしつづけて、一六〇〇万SHUという完璧な数値にできるかぎり近づくことだ。これらの新種の名称には、辛さがはっきり表現されている。植物の新種の世界では、〝優美〟〝誠実〟〝友情〟〝美〟といった意味をもつ名前が多いが、こうした激辛の怪物たちにつけられる名称はこれまで見たことがないものばかりだ。たとえば、〝地獄〟〝悪魔〟〝核エネルギー〟〝死〟〝幽霊〟〝ペスト〟など。また、〝トラ〟〝サソリ〟〝マムシ〟〝コブラ〟〝コモドドラゴン〟〝タランチュラ〟のような動物の名も、トウガラシの新種にはよくつけられている。

二〇一三年、《キャロライナ・リーパー》（〝キャロライナの死神〟という意味。たいてい大鎌をもった骸骨として描かれるあの死神だ。ここでは、重量の一〇％以上のカプサイシンをふくむ実をつくりだす怪物のことをさす）が、スコヴィル辛み単位二〇〇万という天文学的数値を超えた！　そして《トリニダード・スコーピオン》と《ナーガ・ヴァイパー》を追い抜いて、念願の地球でもっとも辛いトウガラシ属となった。年々超えるべき高さは上がり、辛さの世界新記録が生まれるたびに、世界じゅうの数百万人がそのチャンピオンを求め、実際に味わったり、栽培することに魂を捧げている。

トウガラシは、辛ければ辛いほど広まっていく。なぜなら《トウガラシ食らい》が求めるものはカプサイシン、ただそれのみだから。カプサイシンの摂取量はますます増えている。アメリカ合衆国では《16ミリオン・リザーブ》（「一六〇〇万の蓄え」という意味。一六〇〇万は、純度一〇〇％のカプサイシンのスコヴィル値を表す）という名の辛いソース（「辛い」とはずいぶん婉曲（えんきょく）な言い回しだが）が売られている。結晶状の純度一〇〇％のカプサイシンが小容量の瓶のなかに入っているという代物だ。市場価格は数千ドルもする。

SCALA SCOVILLE DI PICCANTEZZA

TIPI DI PEPERONCINI	UNITÀ DI CALORE SCOVILLE
TRINIDAD SCORPION	1,463,700
BHUT JOLOKIA (GHOST PEPPER)	1,041,427
RED SAVINA HABANERO	250,000 - 577,000
CHOCOLATE HABANERO	200,000 - 385,000
SCOTCH BONNET	150,000 - 325,000
ORANGE HABANERO	150,000 - 325,000
FATALI	125,000 - 325,000
DEVIL TOUNG	125,000 - 325,000
KUMATAKA	125,000 - 150,000
DATIL	100,000 - 300,000
BIRDS EYE	100,000 - 225,000
JAMAICAN HOT	100,000 - 200,000
BOHEMIAN	95,000 - 115,000
TABICHE	85,000 - 115,000
TEPIN	80,000 - 240,000
HAIMEN	70,000 - 80,000
CHILTEPIN	60,000 - 85,000
THAI	50,000 - 100,000
YATSUFUSA	50,000 - 75,000
PEQUIN	40,000 - 58,000
SUPER CHILE	40,000 - 50,000
SANTAKA	40,000 - 50,000
CAYENNE	30,000 - 50,000
TOBASCO	30,000 - 50,000
AJI	30,000 - 50,000
JALORO	30,000 - 50,000
DE ARBOL	15,000 - 30,000
MANZANO	12,000 - 30,000
HIDALGO	6,000 - 10,000
PUYA	5,000 - 10,000
HOT WAX	5,000 - 10,000
CHIPOTLE	5,000 - 8,000
JALAPEÑO	2,500 - 8,000
GUAJILLO	2,500 - 5,000
MIRASOL	2,500 - 5,000
ROCOTILLO	1,500 - 2,500
PASILLA	1,000 - 2,000
MULATO	1,000 - 2,000
ANCHO	1,000 - 2,000
POBLANO	1,000 - 2,000
ESPANOLA	1,000 - 2,000
PULLA	700 - 3,000
CORONADO	700 - 1,000
NUMEX BIG JIM	500 - 2,500
SANGRIA	500 - 2,500
ANAHEIM	500 - 2,500
SANTE FE GRANDE	500 - 750
EL-PASO	500 - 700
PEPERONICINI	100 - 500
CHERRY	0 - 500
PIMENTO	0
BELL PEPPER	0

Source: The Scoville Food Institute — http://www.scufoods.com/REVtshirtart0811.jpg

BUSINESS INSIDER

スコヴィル辛み単位表。スコヴィル値はトウガラシ属の辛さの尺度。甘いピーマンのゼロから、もっとも辛いさまざまな変種の１５０万まで、植物によって値はさまざまだ〔現在では、さらにスコヴィル値２００万のキャロライナ・リーパー、２４０万のドラゴンズ・ブレスなどが開発されている〕。

マゾヒズム、ランナーズハイ、奴隷

ところで、カプサイシンとは厳密には何なのだろう？
カプサイシンは、神経末端と接触するとＴＲＰＶ１という受容体を活性化させるアルカロイドだ。ＴＲＰＶ１は熱センサーで、体に害が及ぶほどの温度を感知すると、脳に危険を知らせる働きがあり、通常は摂氏四十三度で活性化する。ＴＲＰＶ１は、焼けた鉄を素手で触ったり、沸騰したスープを口に入れたりといった危険なことが起きないようにするために〝設計されている〟。つまり、人体に害となるような行為を阻む役割をもっている。そして、このＴＲＰＶ１こそが、カプサイシンによる痛み、つまり辛さを引き起こし、世界のいくつもの国の警察でトウガラシスプレーのようなものが武器として使用されている理由なのだ。そのいっぽうで、同じものが〝調味料〟という形で重宝されている。しかし、健康な心の持ち主なら、自分の目にレモン汁を入れたり、家具に自分から脛（すね）をぶつけたりして痛みを心地よく感じたりはしないだろう。

では、世界の人口の三分の一はいったいどうして、焼けるようなひどい感覚をもたらすアルカロイドを、もっとも敏感な器官である舌の上にどっさりのせることがたまらなく好きなのだろう？　これについては、さまざまな説が唱えられている。人間のこの異常行動を説明する際にもっともよく引用されるのは、心理学者ポール・ロジンの説だ。ロジンはこの行動を〝穏やかなマゾヒズム〟と定義し、あるタイプの人間は、そのようなひりひりした痛みやほかの危険な感覚に引き寄せられると主張した。そういう者たちにとって、トウガラシを食べることはジェットコースターに乗るようなものなのかもしれない。ロジンがいうには、トウガラシとジェットコースターのどちらも、体は行為の危険性を知覚しているにもかかわらず、頭は、現実的な危険を冒してはおらず、否定的な刺激として阻止する必要はないと認識しているそうだ。ロジンは、最初は不快な刺激でも、同じ刺激を受けつづけているうちに喜びに変わる、と結論づけている。

この説がよく考えられていることは評価するものの、私はまったく同意できない。それにはいくつか理由がある。一つは、私も辛い食べ物が好きだが、ジェットコースターやバンジージャンプなどのようなアトラクションには、まったく魅力を感じないからだ。もう一つは、私の妻も辛いものがこのうえなく好きだが、ホラー映画はワンシーンさえ見えないように目を閉じるし、ブランコにすら乗れないし、ジェットコースターに乗るなどもってのほかだからだ。さらには、私の知っている大食の《トウガラシ食らい》は穏やかな人たちで、べつの危険な感覚を新たに探し求めることにはあまり関心がないからだ。そして最後の理由は、世界の三分の一もの人々が、けっして一般的とはいえない性癖をそなえているとは思えないからだ。だが、私がまちがっているのかもしれない。二〇一三年に二人の栄養学の研究者、ジョン・ヘイズとナディア・バイネスが九十七人を対象に行なった研究によると、〝さまざまな感覚を体験した者〟と〝辛いものが好きな者〟とのあいだには重要な相関関係が認められたという。

では、私の仮説を述べよう。世界じゅうでこれほど多くの人がトウガラシの辛さを好んでいるのはなぜか？　カプサイシンは、ほかの植物性アルカロイド（カフェイン、ニコチン、モルヒネなど）とはちがった形で脳に影響を及ぼすが、どちらも最終目的は同じである。つまり、依存症を引き起こすことだ。くわしく説明するまえに、まずは私たちの口から脳に到達するひりひりした痛みの感覚について考えてみよう。舌で痛みを知覚すると、脳に信号が届き、脳は痛みを緩和するためにエンドルフィンを製造する。

エンドルフィンとは、モルヒネに似た、痛みを鎮める生理学的な特質をそなえた神経伝達物質だが、その効果はモルヒネ以上だ。また、トウガラシが私たちの生活に及ぼしている謎の力を解明するためのカギでもある。

エンドルフィンが依存症を起こすというのは、奇抜な発想ではない。それどころか、よく知られたランナーズハイもここから来ると考えられる。ランニングに熱中していたり、マラソンやオープンウォータースイミング〔自然の水中で行なわれる長距離の水泳競技〕やサイクリングといった耐久スポーツを趣味にしている知り合いがいたら、長時間の苦しい運動のあとに訪れる幸福感について聞かされたことがあるかもしれない。そうしたスポーツのあとには、一種の麻薬作用に似た、強烈な幸福感や陶酔感を覚えることがある。長いあいだ、この現象には科学的な根拠はないと思われていた。それどころか、ランニング神話がもたらす伝説だと考えられていたのだ。ところが二〇〇八年、激しい運動の前後でアスリートの状態を比較分析する研究がドイツで行なわれ、ランナーズハイの根拠が示された。

こうして今では、ランナーズハイは現実に起こる現象で、脳内でのエンドルフィンの放出によって引き起こされるとわかっている。さらに、この物質の鎮痛作用のおかげで、激しい身体運動を行なったアスリートは限度を超えた激しい痛みにも耐えられる。ほかの状況なら我慢できないような骨折や怪我にもかかわらず、走りつづけたマラソン選手の例は枚挙に暇がない。これと同じメカニズムが、トウガラシを大量に食べても痛みをあまり感じない者たちに作用しているのだ。カプサイシンの麻酔効果は、近年の科学文献でしっかりと証明されている。

ここまでの話で、本章のタイトルが示す意味も見えてきただろう。依存症の原因物質を生産する多くの植物と同じように、トウガラシもまた化学の力を借りて、もっとも有能で広範囲にわたって運び屋をつとめてくれる動物と契約を結んでいるのだ。その動物とは、人間である。思うに、この植物のさらに興味深い点は、ほかの動物の脳にも作用するほかの麻薬植物とは異なり、人間に対してのみ作用を及ぼすということだろう。実際、人間以外にトウガラシの実を好んで食べる哺乳類など存在しない。

カプサイシンが進化の道を歩みはじめた当初、トウガラシはこの物質のおかげで、真菌による感染症への抵抗力をもつことができたようだ。こうして、真菌の感染症が蔓延している地域

ガラパゴス島とモーリシャスのカメは、昔はそれぞれの島の種子の主要な運び屋であり普及者だった。

では、トウガラシ属の実がより高濃度のカプサイシンを含有しはじめた。また、哺乳類がひりひりと痛みを感じる受容体を、鳥はもっていなかった。これは、トウガラシにとっては、さらなる進化に好都合だった。鳥によって種子が広範囲に拡散されていったからだ。実際、カプサイシンは哺乳類を遠ざけていた。哺乳類は実を噛みくだき、そのなかにふくまれる種子をつぶしてしまうからだ。鳥は種子を噛みくだかずに、はるか遠くまで運んでくれるので、哺乳類よりずっと信頼のおける運び屋だった。しかし、トウガラシにとってカプサイシンのほんとうの利点は、哺乳類を遠ざけることではなく、人間すなわち絶対的に優れた運び屋を異常な依存状態に陥らせ、自分たちから離れられなくする能力だったのだ。

カプサイシンが人間の《トウガラシ食らい》たちを奴隷状態にしているという説にまだ納得できないのなら、世界各国で毎年開かれている無数のトウガラシ・フェスティバルの一つを見てみるといい。二十五億人もの《トウガラシ食らい》が存在する現在、フェスティバルの光景も、私が子どものころに出会った黒服姿の伝統的な《トウガラシ食らい》たちのようすとは、かなりちがう。たとえば、今風の新しい信者たちが、カプサイシンの構造式が描かれた帽子をかぶり――喉(のど)に構造式のタトゥーを入れている過激な者もいる――《PAIN IS GOOD（痛いのはいいことだ）》と書かれたTシャツを着て、ホラー映画や、世界の終末を描いた映画のタイトルのような名前のついたソースの成分に熱心に見入っている。これが依存でないなら、いったい何を依存というのだろう……。

トウガラシの消費量は、世界じゅうで増えつづけている。辛い料理に暗い喜びを感じるなどという習慣がなかった国々でさえ、数年まえには考えられなかった使用法と量でトウガラシを消費するようになっている。この植物種が、人間を依存症に陥らせて完全な奴隷にするためにはじめた戦略は、勝利を収めたのだ。人間と関わることによって、トウガラシはわずか数世紀で地球全体に広まった。これほど短期間に広めることができる運び屋は、人間のほかにはいない。今後も、この戦略はますます順調にいくだろう。エンドルフィンの効果を得るためには、四二・一九五キロメートルを走るより、おいしいトウガラシ料理を食べたほうが、より簡単で苦労も少ないのだから。

化学的な調合

トウガラシとそこに含有されるアルカロイドは、特殊な例ではない。数多くの植物由来の化合物が、脳の機能に影響を及ぼすことができる。こうした向精神性の分子が作用する生化学的なメカニズムは、すでに充分解明されている。だが、どうして植物が、動物の脳に作用するこのような化合物を製造するのか、はっきりとはわかっていない。いいかえれば、どうして植物は、こうした分子の製造にエネルギーを費やさなければならないのだろう？

その疑問について考えるため、神経生物学を引き合いに出してみよう。とくに麻薬摂取についての主流の理論が参考になる。それによれば、麻薬は依存を引き起こすが、その原因となる化学物質の多くには共通の性質があるという。それは、報酬（快感）の管理を司っている脳の部位を活性化するというものだ。自分の生存のために役立つ何かを行なうたびに、脳のこの部位が活性化する。この部位は、食物を口にする、水を飲む、セックスをするといった刺激に反応し、快楽という報酬を人に与えることで、その行為をくり返すように仕向けるのだ。麻薬も、原因物質の摂取・刺激・脳の反応というこの同じシステムに作用し、報酬メカニズムを活性化させる化学物質をくり返し摂取したいという気にさせ、その結果、依存状態をつくりだすとさ

スイレンは、古代からもっとも有名でもっとも賞賛されてきた水生の植物の１つ。白、ピンク、赤、青の派手な花は送粉者の昆虫を強力に引き寄せる。

れる。

しかし、こうした理論とは逆に、植物性の麻薬の起源に関するどの仮説でも、植物は草食動物から身を守るために神経毒であるアルカロイドを生産するようになったとされている。自分を食べようとする動物に毒という罰を与え、二度とそんな気を起こさせないようにするのだ。この理論にしたがえば、植物が進化して、動物の報酬メカニズムに作用するような化合物を生産するはずがない。そんなものを生産すれば、植物は身を守るどころか、ますます動物に狙われるようになるからだ。この表面的な矛盾は、生態学の領域では《麻薬-

報酬のパラドックス》として知られている。だが、植物が製造する神経作用性の化合物は、動物に捕食されるのを防ぐための手段ではなく、動物を引き寄せ、操作する道具だという考えを受け入れるなら、パラドックスは解決できるだろう。そうした考えによって、生態学の領域では、植物と動物の相互関係についてこれまでとはかなり異なった見方ができるようになるだろうし、神経生物学の領域では、薬物依存症の問題を解決する新たな展望も開けるだろう。

先に触れた花外蜜腺に話を戻すと、長い共進化の歴史をもつ植物とアリの関係は、この仮説を検証する理想的なモデルだ。神経に作用する化合物の製造が、アリを操作するための手段であることを証明できるなら（私はそう確信している）、植物の無視できないこの能力について、さらなる証拠が手に入る。

この能力は、私たちが抱いている植物のイメージを根本から変えることになるだろう。つまり、植物は、動物を必要とする受動的で単純な存在であるというイメージから、ほかの生物の行動を操作する能力をそなえた複雑な生物であるというイメージへと。

鮮やかな立場の逆転である。

第 6 章

分散化能力

～自然界のインターネット

葉の葉脈から根の構造にいたるまで、植物のすべてがネットワークの形をとっている。

民主主義は、ふつうの人々にはふつうではない可能性がそなわっているという確信にもとづくものである。

（ハリー・エマーソン・フォスディック〔アメリカのプロテスタント神学者〕、『引用事典：古典・現代篇（*The home book of quotations. Classical and modern*）』から）

人民政府は、人民に情報が与えられなかったり、情報を得る手段が整えられていなかったりするときには、道化芝居、もしくは悲劇の序章にしかなりえない。あるいは、その両方になるかもしれない。

（ジェームズ・マディソン『ジェームズ・マディソン著作集（*The writings of James Madison*）』）

ヒエラルキーと権力は、自然法に対する明らかなる冒瀆（ぼうとく）であり、廃止すべきだ。ピラミッドを構成する神・王・優れた者・庶民は、すべて平等でなくてはならない。

（カルロ・ピサカーネ〔19世紀イタリア統一運動の指導者〕『革命（*La rivoluzione*）』）

植物の体に関するいくつかの予備的考察

植物は動物ではない。

当たり前じゃないかと思うかもしれないが、このことは、つねに意識しておかなければならない。実際のところ、私たちが複雑で知的な生命として思い浮かべるのは、動物だけだ。植物には、動物によくある特徴が見あたらないため、私たちは、運動から認知にいたるまで、動物がもっている能力は植物にはまるでそなわっていないと考え、ついつい植物を受動的な（まさしく〝植物的〟な）存在だと思いこんでしまう。だから、どんな植物を観察するときでも、動物とはまるっきり異なる生物を観察しているのだということを忘れてはならない。植物の基本構造は私たちとはまったくちがう、いわば異質なものなのだ。それに比べれば、ＳＦ映画で描かれるどんなエイリアンの姿形も人間くさくて、子どもっぽい空想でしかない。

植物は、私たち動物に似たものを何一つもっていない。植物と動物の共通の祖先は六億年まえまでさかのぼる。その時代、生命は海から出て陸地をも征服しようとしていた。植物と動物はそのときに分かれ、その後、それぞれ異なる道を歩んだ。動物の体は地上を動き回るようにできあがった。植物は新しい環境に適応し、地面に根を下ろし、太陽が放射する無尽蔵の光をエネルギー源として利用した。

現在の植物の繁栄ぶりを見れば、これ以上に幸せな選択はなかっただろう。今日、地球上で植物が存在しない場所はない。全生物のなかで植物がどれだけ大きな割合を占めているか、じつに驚嘆するばかりだ。地球上の植物の生物量（バイオマス）〔全生物（この場合は全植物）の総重量〕については、さまざまな評価があるが（生物の重量は変動しやすく、見積もるのは容易ではない）、それでも地球に暮らす全生物の総重量の少なくとも八〇%は植物が占めている。この数値こそ、植物がとてつもなく優れた能力をもっているはっきりとした証拠だ。

地中に根づくという最初の選択によって、のちに植物の体は決定的に変化することになる。私たちがほとんど理解できない方法で、動物とはまったく異なる進化を遂げたのだ。その結果、植物は顔も手足もない、動物に似ている構造がまったくない存在になった。私たちは植物の本当の姿を見ておらず、風景の一部にすぎないと思いこんでいる。というのも、人間は自分に似ているものだけを理解し、理解できるものだけを見るからだ。自分たちに似ていない植物のことは理解できない。だから、植物の本当の姿が見えていない。

　では、植物と動物の構造は、どこがどうちがうのだろう？　植物を、動物とはかけ離れた理解不能なものにしているのは、どんな特徴なのだろう？　もっとも大きなちがいは、植物は生物の基本的な機能をになう単一もしくは一対の臓器をもたないという点だ。地中に根を張った植物にとっては、捕食者の攻撃を生き延びることが大きな課題となる。動物とちがい、〝逃げる〟という行動ができないからだ。そのため、生き延びる唯一の方法は、捕食者に対して抵抗すること、つまり、捕食に屈しないこと。

　とはいえ、言うは易く行なうは難し。この奇跡を成し遂げるには、動物とはちがった体のつくりをしていなければならない。植物が生きていくには、明らかな弱点をもたないことが大切だ。とにかく、動物より弱点が少なくなければならない。臓器は弱点になる。もし、植物に脳や肝臓や一対の肺や腎臓があったら、最初に現れた捕食者に敗北する運命だっただろう。たとえそれが昆虫のような小さなものであっても。これらの急所のたった一つを攻撃されただけで、身体機能は損なわれてしまうのだから。だからこそ、植物は動物のような臓器をもっていない。

　臓器がないからといって同じ機能を果たせないというわけではないのだが、とかくそう思われがちだ。植物に目や耳や脳や肺があったなら、植物が見て、聞いて、計算して、呼吸するという事実をだれも疑いはしないだろう。そうではないため、植物が洗練された能力をそなえていることを理解するには、想像力を働かせなければならないのだ。

一般に植物は、動物が特定の臓器に集中させている機能を体じゅうに分散させている。植物のモットーは、この〝分散化〟にある。すでに、植物が体じゅうで呼吸して、体じゅうで見て、体じゅうで感じて、体じゅうで計算しているということはわかっている。どんな機能もできるかぎり分散させること。それが捕食者の攻撃から生き延びる唯一の方法なのである。植物はそのことをとてもよく知っている。たとえ体の大部分を切りとられても、身体機能が失われることはなく、その状態に耐えられる。植物の構造では、指令センターの役割を果たす脳も、脳の命令にしたがう単一もしくは一対の臓器も想定されていない。指令センターをもたない分散型のモジュール構造をもち、各モジュールが協力し合って、くり返される捕食にも完璧に耐えることができる。トップダウンで指令を出すのではなく、〝分散型〟だという点で、植物はきわめて現代的であるといえよう。

植物の優れた耐性を示す例の一つとしてあげられるのは、火事が起きても生き延びる能力だ。とてつもない破壊力をもつ火に対しても、見事な生存戦略をもっている。実際、炎に耐えられる植物が存在する。火への耐性をもつ植物種もあるし、ライフサイクルや繁殖の周期を、定期的に起こる森林火災などにうまく合わせて生き延び、成長してきた種もある。どのケースでも、破壊的な火と戦う植物の力はまさに奇跡だ。

個人的な経験から一例をあげてみよう。私は夏のヴァカンスをいつもシチリア西部で過ごしている。そこにはヨーロッパ原産の独特なチャボトウジュロ（学名 *Chamaerops humilis*）が自生している。海を見晴らす美しい丘にチャボトウジュロが生い茂っているのだが、私がこの地域を訪れるまえから、その一帯ではしばしば広範囲の火事が起こっていた。火事は驚くほど規則的に、二年おきに起こっている（森林火災をもたらす放火魔たちは、かなり緻密な破壊計画を守っているようだ……）。

私自身はこの周期的な災害にとてもなじめそうもないが、火が消えると、チャボトウジュロは相変わらずそこに生えている。焦げているものもあれば、炭や灰になっているものもある。それでも数日後には、その名のとおり慎ましやかに（学名のラテン語*humilis*は「低い」を意味し、イタリア語ではpalma nana（矮小なシュロ）と呼ばれる）新しい若芽をつくりはじめるのだ。輝ける緑の芽があちこちに姿を見せている光景は感動的だ。広がる黒い灰に対し、そのエメラルド色はますます鮮やかに見える。まだ生きているとは思えないような状態の植物から芽が出るのだ。それはまさしく、火事という逆境にも耐えられる明らかな証拠だ。

この耐性は、動物とは異なる植物ならではの組織のおかげであり、動物には同じような組織は見られない。そしてこの能力は、指令センターをもたないことや機能が分散していることで、はじめて発揮できる。

チャボトウジュロ（学名*Chamaerops humilis*。ギリシャ語のchamái［地面］とrhóps［茂み］から）は、地中海の低木地帯に広く普及した種である。

問題を解決する植物、問題を避ける動物

植物が問題を解決する方法は、たいてい動物の世界で見られる解決策とは正反対だ。写真のポジとネガのように、動物において白いものは植物において は黒く、逆もまたしかり。動物は移動し、植物はその場でじっとしているなど、対比をあげればきりがないが、私が決定的だと考えているのはもっとも知られていないものだ。それは、先ほども述べたように〝集中〟と〝分散〟である。

いうまでもなく〝集中〟は動物のシステムならではの特徴で、決定のプロ

セスをよりスピーディーにしてくれる。多くの場合、動物にとってはスピーディーにタイミングよく対応することが、何かと得になる（だが、そうではないケースもあるので要注意だ。重要な対応はつねに時間を必要とする）。いっぽう、植物の生活では、スピードはたいして重要ではない。植物にとってほんとうに大事なのは、急いで対応することではなく、問題が解決できるようにしっかりと対応することだ。植物のほうが、動物よりも問題解決の方法を見つけるのに優れていると主張するのは、さすがに大胆すぎるかもしれない。だが、だからといって、動物のほうが優れているといいきれるのだろうか。

さまざまな状況を注意深く研究すると、動物はいろいろな外的刺激に対して、いつも同じ解決策をとっていることに気づく。あらゆる緊急事態に対して、マスターキーのようなものを使っているわけだ。奇跡的ともいえるこの対応は〝運動〟と呼ばれている。運動は、すべてを解決する切り札ともいうべき対応法だ。

どんな問題が起きても、動物は移動することで乗りきろうとする。食べ物がなければ、それが見つかる場所に行く。気候が変わり、暑すぎたり寒すぎたり、湿度が高くなりすぎたり、乾燥しすぎたりすれば、もっと適した気候の場所に移動する。競争相手の数が増え、ますます攻撃を受けるようになったなら、新しい縄張りを求めて移動する。繁殖のパートナーがいなければ、探し求めて移動する。そういう例はまだまだある。

とすると、何千もの緊急事態リストをつくったとしても、解決法はつねに一つしかない。

〝逃走〟だ。厳密にいえば、逃走は問題の解決策ではなく、あくまで困難を遠ざける方法にすぎない。つまり、動物は問題を解決していないのではないか。問題をより効果的に避けているだけなのかもしれない。読者のみなさんも、そのような経験があるのではないだろうか。

〝運動〟は動物にとって決定的手段なので——危機的状況に置かれたときこそお決まりの〝逃走〟反応をする——何億年にもわたって休みなく続く進化によって、この能力は磨かれ、どんなときにもすばやく逃げられるようになった。そう考えると、動物にとって最適な身体構造は、あらゆる決定をくだす指令センターを頂点としたヒエラルキー的身体構造といえるだろう。

いっぽう、植物にとって、生息環境が寒くなったり暑くなったり、たとえ捕食者であふれたとしても、動物のようなスピーディーな対応は、まったく意味がない。大切なのは、効果的な解決策を見つけることだ。つまり、暑さや寒さ、捕食者の出現にもかかわらず生き延びることができるような解決策である。この難しい課題にうまく対応するには、集中した構造より、分散型の組織構造のほうがはるかに望ましい。より革新的な対応ができ、文字どおり〝根づく〟ことで、環境をより正確にとらえる力が得られるからだ。

的確に対応するには、正しいデータを集めることが基本となる。その点、植物は、じっと動かないことを選択した結果、並外れて優れた感覚を発達させた。環境から逃げられなくても生き延びられるのは、ひとえに、数多くの化学的・物理的なパラメーターをいつでも緻密に知覚する能力をそなえているためだ。パラメーターとは、たとえば、光、重力、吸収できるミネラル、湿度、温度、力学的な刺激、土壌の構造、空気の成分などだ。植物は、そうした力、方向、時間、強さ、刺激の特徴を、そのつど識別する。さらに、ほかの植物との距離、その植物の正体、捕食者や共生者、病原体の存在を伝える《生物的シグナル》（ほかの生物が発する信号）についても、植物はたえずインプットしつづけ、つねに適切にその信号に対応する。そうした信号もやはり刺激であり、ときには複雑な性質をそなえることもある。植物は感覚をもたないと考えるのは、やはり大きなまちがいだとわかるだろう。

ようするに、動物が周囲の環境の変化に〝運動〟によって対応し、変化を避けるのに対して、植物は絶え間なく変化する状況に対し〝適応〟によって対応する。

根のコロニーと社会性昆虫

解明すべき謎はまだある。植物は、動物のあらゆる反応の基盤である〝脳〟という器官をもたないのに、どうして動物と同じような反応をすることができるのだろう？　脳のかわりに、どんなシステムを用いているのか？　絶え間ない環境の刺激に対して、どんなふうに反応して適切な解決策をとることができるのか？　この疑問については、いくつかのテーマに分けて説明しよう。まずは、地中に根づいた存在にとって最重要な器官、〝根〟からはじめよう。

根という器官は、反論を恐れずにいえば、植物のもっとも注目すべき部分だ。根は物理的に

植物の根は、典型的な分散型の非中心的システムで、相互に作用し合う無数のユニット（根端）で構成されている。

ネットワークをつくっていて、その先端部はたえず進む前線となっている。つまり、中央に一つの指令センターをもつ動物とはちがって、根端一本一本が微小な無数の指令センターとなり、前線をつくっている。根が成長しながら収集した情報を各指令センターがまとめ、それをもとに伸長の方向を決定する。つまり、根は、一種の集合的な脳、より正確にいえば、長い根に分散された一種の知性であり、これが植物を導いていく。根一本一本が成長し、伸びながら、植物の栄養摂取と生存のために基本的な情報を手に入れるのだ。

その成長は、じつに驚くべき規模に達することもある。たとえば、ライムギの個体一つは、数億本もの根端を伸ばすことができる。途方もない数だ。それでも、成長した樹木一本の根に比べればどうということはない。手元にくわしいデータはないが、一本の樹木の根の数は何十億となるはずだ。森林のわずか一平方センチメートルの土地には、数千もの根端が存在するといわれているが、自然環境で成長した樹木一本の根端がはたしてどのくらいあるのかは、いまだにはっきりとはわかっていない。

こうしたデータの不足だけを見ても、植物の隠れた部分についての研究は、まだまだ進んでいないことがよくわかる。今日でもまだ、根の運動を記録できる技術や装置のないことが最大の障害となっているのだ。実際、根について知るには、根全体の三次元映像の分析を継続的に行なえる非侵襲的〔生体を傷つけない〕システムが必要になる。そうしたシステムの実現は、まだまだ先の話だろう。

このように技術的な制約はあるものの、近年の研究によって、根が予想以上の機能をそなえていることが明らかになった。どんなメカニズムを駆使して地中を探査しているのかわかってきたのだ。根は非常に効率よく探査を行なっている。新しいロボット開発のモデルとして、研究対象になるほどだ。地図もなく、方向を決めるための指標もない状況で、未知の環境を探検するには、中央集権的な組織ではうまくいかない。反対に、並列的に行動して探検を行なう無数の小さな〝エージェント（活動主体）〟によって構成された非中央集権的なシステムなら、精巧なロボットを一体つくるより、はるかに効率のよい地中調査を行なうことができる。

近年、自然界に見られる問題解決法の研究に対し、ますます注目が集まっている。植物の世界だけではない。たとえば、バイオインスピレーションの観点から、未知の空間を集団で偵察する能力のある生物として、《社会性昆虫》があげられる。

集団で行動する動物は、たいてい独自の行動パターンをもつ。昆虫や鳥の群れはまさにこのケースだ。各個体どうしの単純な相互作用を通して、群れの動きがまるで一つの生物の行動のように見える。こうした集団行動は、私たち人間にとって、ますます重要な研究領域となってきている。集団行動についてベースとなる知識を得られるだけでなく、さまざまな技術的問題に応用することもできるからだ。こうした非中央集権的なシステムには二つの利点がある。一つは、非常に堅固な構造だということ（ただ一つの指令センターが計算やコミュニケーションを担っているわけではないので、さまざまな種類の刺激に耐えることができる）。もう一つは、計画と実行が容易だということ。非常に複雑に見える行動も、個々のエージェント間におけるとても単純な情報伝達のルールから成り立っている。

長いあいだ、このような集団を形成するのは動物だけだと考えられてきた。しかし理屈からすれば、個々のエージェントが自律的に決定をくだし、単純なルールにもとづいてコミュニケーションを行ない、集団として行動するなら、どんな集団も動物と同じような共同体とみなすことができる。植物の場合もそうだ。植物のモジュール構造は、昆虫の群れ（コロニー）と同じものだと考えられる。

鳥の大群は、集団創発性〔集団になることで、個別の要素からは予想できない作用が発生すること〕の古典的な例だ。単純なルールだけで、複雑な結果を生み出すことができる。

植物をモジュール構造のコロニーだとみなすのは、何も新しい考え方ではない。古代ギリシャでは、哲学者であり植物学者のテオプラストス（紀元前三七二～二八七年）が、「反復は植物の本質である」と記しているし、十八世紀にはエラズマス・ダーウィンやヨハン・ヴォルフガング・フォン・ゲーテ（そう、『親和力』を書いたあのゲーテだ）をはじめとする著名な植物学者が、樹木はくり返されるモジュールのコロニーとみなすべきだと主張している。最近では、フランスの植物学者フランシス・アレが、「植物は数学的な生物だ」と書いている。アレによれば、植物の体は同一の部分が多数集まって構成され、根にもモジュールの反復性があり、ヒエラルキー構造がない点から、基本的なフラクタル解析を使って根の研究を行なうことができるという。

したがって、土壌を探査する根の活動を観察してみると、中枢神経系がないからといって根がでたらめに伸びているわけではないことがわかる。それどころか、根は、果たすべき役割のために完璧に設計・調整されている。酸素、水、ほどよい温度や栄養物質のほんのわずかな兆しもキャッチし、実際にそれらが存在するところまで正確にたどっていくという驚きの能力をもっている。だが、いったいどうやって、どんな地形でも方向感覚を失わずに、必要なものを探りあてられるのかについては、いまだ謎に包まれたままだ。

数年まえ、私は同僚のフランティシェク・バルシュカとともに、根を集団的な生き物とみなす研究をはじめた。つまり、根を鳥の群れやアリのコロニーに当てはめて考えることにしたのだ。すると、このアプローチはとても有効だとわかった。根の構造や、根がどのように地中を探検して資源を活用するのかについては、社会性昆虫の研究に使われている〝群れ行動のモデル〟にあてはめれば、すっかり説明がつくとわかったのだ。たとえば、アリは一匹だけで、獲物などがその場所に残す非常に小さな濃度勾配〔物質の濃度の微小な差異〕をたどって進むなど、ほとんど不可能だ。実際、アリは、場所による濃度勾配の変化を補正することができず、道に迷ってしまうだろう。ところが、集団で行動すれば、コロニーは簡単にこの障害を乗り越える。コロニーは、環境から受けとった情報をたえず処理しつづける優れた集積回路として機能するからだ。

大きなベンガルボダイジュ（学名 *Ficus benghalensis* バンヤンジュとも）。地上に巨大な根が現れている。

アリもシロアリも複雑に行動できるコロニーを形成する。

こうして私たちは、根全体がアリのコロニーのようにひとまとまりになって活動し、場所による濃度の変動にもあまり混乱しないことを発見した。

さらに、虫のコロニーのように、根端どうしの、つまり複数の自律エージェントどうしの情報伝達も、《スティグマジー》をベースにしている可能性が高い。スティグマジーは、中央集権的な制御手段をもたないシステムならではの技術で、環境に変化（痕跡＝スティグマ）を加えることによってコミュニケーションをとろうとするものだ。スティグマジーの典型的な例は自然界で見られる。たとえば、アリやシロアリのケースだ。これらの昆虫は、仲間が環境に残したフェロモンの化学的な痕跡を通して、驚くほど複雑な仕事を成し遂げる。素朴な泥玉づくりをはじめ、アーチ、列柱、部屋、逃走用の通路までそなえた巣をつくりあげるのだ。しかし、スティグマジーは虫の世界だけのものではない。複数の利用者がメッセージを残すインターネット上のコミュニケーションもまた、さまざまな点でスティグマジーを思い起こさせる。

植物も、集団的な相互作用から生まれる創発性を利用でき、複雑な解決法まで編みだして問題に対処する。ヒエラルキーの不在と分散された組織にもとづいたこの能力は、優れた効果をもたらす。自然界のいたるところで見られるが、もちろん人間の多くの行動にも表れている能力だ。

古代アテネの民主制

周知のとおり、民主主義（デモクラシー）という言葉はギリシャ語に由来し（人民［démos］の支配［krátos］）、権力の管理法が歴史とともに驚くほど変化したことを見事に表現している。紀元前五〇〇年ごろ、民主主義はアテネに登場し、それ以来、私たちの文明を構成する土台になった。しかし、民主主義の概念自体、ひいては人民が自らの力を示すシステムが、当時から今日までに大きく変わったことはあまり知られていないかもしれない。古代アテネ人が、今日の民主主義国家のどこかでふたたび目を覚ましたとしたら、政治システムがまるでちがうことに驚くだろう。それほどまでに、民主主義は大きく変化した。

アテネの民主主義の最高決議機関は、いわゆる民会（エクレシア）で、すべての十八歳以上の市民で構成される。立法と行政に関しては、基本的に多数決で決められた。いいかえれば、アテネの民主主義は直接民主主義であり、仲介者を通さず権力を管理する。これが、私たちになじみのシステムと大きくちがっている点で、今日の私たちの民主主義は、より正確には《代表制民主主義》と呼ばれている。

権力の直接管理のほうが優れているのか、代表者に政策決定を委任するほうが効率的なのか。この問題は古代以来、熱い議論の対象だった。たとえば、プラトンは『プロタゴラス』のなかで、適正な知識をもたないまま、公共の問題に関する決定を行なう人民の能力について、激しく批判するソクラテスの姿を描いている。ソクラテスは次のようにいう。

ところが、そのわれわれアテネ人が議会に集まるときに、私の目にするところでは、何か土木建築を国家の事業として行なわなければならない場合には、建築家をまねいてその建築物のことを相談し、造船に関する場合には造船の専門家を呼び、またそのほかすべて、学んだり教えたりすることができると考えるかぎりの事柄については、同じようにします。そして、もしだれかほかの者が人々に向かって意見を述べようとしても、それが専門家と思われない場合は、どんなにその人の風采（ふうさい）が立派で、金持で、家柄がよくても、これを聞き入れないことは同じであって、論じようとする本人がやじり倒されて壇を去るか、または政務委員の命令によって、警官がその人を壇から引きおろすなり連れ去るなりするまで、人々は嘲笑し、騒ぎ立てるのです。

　こうして、事柄が専門的技術に属すると思う場合には、彼らはこのような態度をとるわけですが、これがひとたび、何か国事の処理を審議しなければならないような場合となると、大工でも、鍛冶屋でも靴屋でも、商人でも船主でも、貧富貴賤を問わず、だれでも同じように立って、それらについて人々に向かって意見を述べます。そして、そういう人たちに対して、先の場合のように、どこからも学ばず、だれひとり先生についたこともないくせに意見を述べようとするといって非難するような者は、だれもいません。ほかでもない、これは明らかに、人々はそういう事柄を、教えられうるものとは考えていないからです。

（『プラトン全集８　プロタゴラス』藤沢令夫訳、岩波書店）


　ソクラテスは、アテネ市民が都市国家（ポリス）の生活全般について最終決定権をもつという原理を認めていない。こうしたソクラテスの考えは、人民が権力を直接管理することが批判されるたびに登場するだろう。実際、そういった批判は、輝かしいアテネの時代から今日にいたるまでくり返されてきた。人類の歴史においてもっとも豊かだったかもしれない時代をつくりあげたのは直接民主主義であるという事実すら、このシステムに否定的な者にとっては瑣末（さまつ）なことになるのだろう。寡頭（かとう）政治の支持者たちは（現代の支持者も）、〝自然なもの〟と定義される方法のほうが、直接民主主義より魅力的で有効だと考えている。彼らはしばしば、ヒエラルキーの形成――簡単な言葉でいえば〝強者による支配〟もしくは〝ジャングルの掟（おきて）〟――は自然発生的なものだと主張している。この考え方によれば、人間はこの掟からは逃れられないそうだ。プラトンの有名なべつの対話篇『ゴルギアス』では、カリクレスが「法律は力の弱い者たちによって力の弱い者たちのためにつくりだされる。だが自然そのものが明らかにしているように、正しくあるためには、価値の高い者は価値の低い者に優越していなければならず、能力のある者は能力のない者の上に立たねばならない」と断言する。

当然ながら、この言葉はそれほど複雑な問題を提起しているわけではなく、単にまちがった常套句（じょうとうく）にすぎない。少数の個体やグループが、集団全体の意思決定を行なうヒエラルキーなど、自然界ではまれである。そうしたヒエラルキーがあちこちにあるように見えるのは、私たちが人間の目線で自然を見ているからだ。先にも触れたように、私たちの目は、自分に似ていると思うものしか識別しない。自分と異なるものはすべて無視するのだ。

少数が権力を握っている寡頭政治は、自然界ではめったに見られない。いわゆる〝ジャングルの掟〟も空想上のヒエラルキーにすぎず、陳腐なたわ言にすぎない。重要なのは、こうしたヒエラルキー構造は自然界ではうまく機能しないという点だ。自然界においては、[illegible]ターをもたない広く分散した組織こそ効率的なのだ。集団行動について、生物学的観点から行なわれた最近の研究によれば、大勢による決定はほとんどいつも、少数による決定より優れている。いくつかのケースを見ただけでも、複雑な問題を見事に解決する集団の能力には驚かされる。直接民主主義は自然に反する制度だという考えは、個人の力を正当化しようとする反自然的な願望を満たすために、人間がつくりあげた魅惑的な嘘にすぎない。

動物たちの民主主義

動物の共同体を考えてみよう。共同体はどの方向へ進むべきか、どんな活動を行なうべきか、どのように実行すべきか、たえず決定しつづけなければならない。そのためには、どんな行動モデルが考えられるだろうか？　〝専制的〟モデル（サセックス大学名誉教授のラリッサ・コンラットとT・J・ローパーが名づけた）にもとづいて、どう決定するかは共同体を導く一個体または少数に委ねられるのだろうか、それとも〝民主主義的〟モデルにもとづいて、できるだけ多数が分かち合うのだろうか？　これまでは、研究者の大部分がためらうことなく「動物の世界における決定は、一つの個体もしくは少数の構成員が独占的に行なっている」と答えていただろう。

そう自信ありげに答える者たちが根拠としているのは、民主主義的に決定をくだすには二つの能力がなければならないという事実だ。二つの能力とは、投票する能力と票を数える能力である。これらの特徴は、人間以外の動物にはないように見える。そのため、つい最近まで、人

ユーフォルビア・デンドロイデス（*Euphorbia dendroides*）は地中海低木地帯によく見られる種。幹と2メートルに達する二叉分枝の枝で茂みをつくることもある。

間以外の種が、集団で意思決定できる仕組みをもっているなど、考えることすらできないとみなされてきた。しかし近年、人間以外の動物も、体の独特な動き、鳴き声、空間における位置、信号の強弱、そのほか無数の非言語コミュニケーションを駆使していることがわかり、集団的な決定を行なう動物の能力について思いもよらない展望が開けた。

二〇〇三年、前出のコンラットとローパーは、動物が共同で選択を行なう方法についての研究書を出版した。二人は、集団決定は動物の世界においてまさにスタンダードな方法であり、〝民主主義的〟な決定への参加こそ、よく行なわれている方法だということを突き止めた。実際、〝専制的〟方法とはちがって、〝民主主義的〟方法は、共同体の構成員にとって、負担が最小となる。そのうえ、集団が大きければ、もっとも専門知識を有する個体が〝専制君主〟になる場合よりも、民主主義的な手続きを経た決定のほうが、まちがいなく最良の結果を生む。簡単にいえば、生物が進化によって獲得した力を引き出し、さらに多くの利益を得られるシステムなのだ。〝賢い長（おさ）〟による選択よりも集団的な選択のほうが、共同体のほとんどの構成員が必要としているものにうまく応えられる。コンラットとローパーが記しているように、「民主主義では、極端な決定をすることが少ないため、集団にとってはより有益だ」。

動物の集団における行動のダイナミクスをさらに理解するため、ミツバチの例をあげてみよう。ミツバチの社会的な行動については、これまでもかなり論じられてきた。そのため、古代から――《群集の英知》や《集団的知性》といった用語が生まれるずっとまえから――研究者たちは、ミツバチのコロニーが、その構成員すべてを足し合わせたよりもずっと複雑なつくりであることに気づいていた。実際、そのメカニズムにおいては、ミツバチ一匹一匹が神経細胞(ニューロン)の役割を演じており、ミツバチの組織は脳の機能を思い起こさせるといわれている。たとえば娘コロニー〔次代の女王によって新設されるコロニー〕が形成されるときのように、群れが決定をくださなければならないときに、こうした脳との類似性がよく現れる。

ミツバチの巣がある程度の大きさを超えると、新しいコロニーをつくるために巣を分割しなければならない。そのため、女王バチは約一万匹の働きバチを引き連れ、新しいコロニーをつくる場所を求めて出発する。そして数日後に一本の木に止まると、ミツバチの群れは、母コロニーからかなり離れた場所まで旅をする。ミツバチの群れは、驚きの行動をとりはじめる。何匹かのミツバチが周囲を探検してまわり、さまざまな情報をもって木に戻り、それからまさに古典的な古代アテネのスタイルで民主主義的な議論をはじめるのだ。つまり、集団で決定を行なう。

まず、探検していたミツバチは木に戻って、訪れた場所の特徴を群れに報告する。その報告はかなりドラマチックだ。なにせ、ダンスを踊るのだから。探検したミツバチが複雑なダンスを踊れば踊るほど、調べてきた場所を快適だとみなしていることになる。ほかのミツバチは見事なダンスに魅了され、実際にその場所へ出かけていき、戻ってくるといっしょになって宣伝のためのダンスを踊る。たちまち、踊るミツバチの集団は大きくなっていく。つまり、もっとも多くのミツバチが宣伝する場所が、もっとも多くのミツバチが訪れた場所ということだ。そ

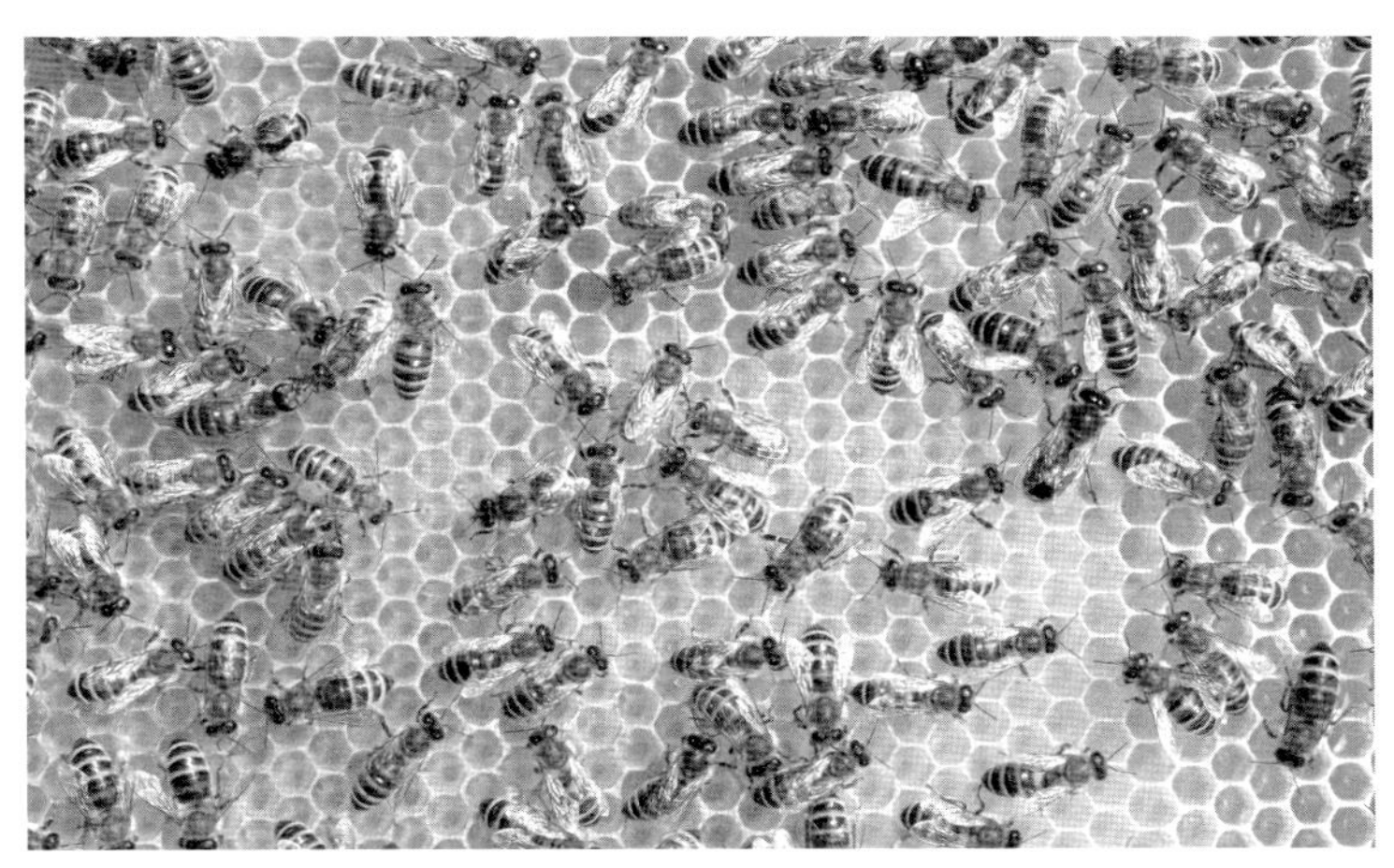

ミツバチの群れ。動物のほとんどの集団と同じく、さまざまな選択肢について多数決で決定する。

の場所を支持するミツバチはますます増えていく。もっともすばらしいダンスが、ほかの場所を推していたダンサーたちの関心まで引き寄せるのだ。そして最後に、もっとも多くのミツバチが納得した場所が、新しい巣として選ばれる。女王は群れを率いて、最大多数の集団が決定した場所へと向かう。

このように、自然界は集団行動の例であふれている。指令センターのないシステムはいたるところにある。意識していなくても、私たち個人が行なう決定でさえ（自分自身のための決定でさえ）、じつは集団的にくだされている。というのも、思考と感覚をつくりだす脳のニューロンは、新居にふさわしい場所を決めるときのミツバチと同じように機能するからだ。どちらのシステムでも、複数の選択肢のなかから最適なものが選ばれる。

ミツバチの視察でも、ニューロンの活性化でも、古代アテネの民会でも、競争に勝利を収めるのは、共同体のメンバーの支持をもっともたくさん獲得できた意見や提案だ。細菌から人間にいたるまで（もちろん植物もふくむ）、生物の集団行動に関する研究はどんどん増えているが、そのどれもが一つの重要な結論を導きだしているように思える。つまり、集団組織には、個体一つ一つの知性の総和を超えた〝集団的知性〟が出現する一般原理があるということだ。自然界は〝強者に支配されている〟という考えをいまだにもっているなら、そろそろまちがいに気づいてほしい。自然界では、決定プロセスを分かち合うことこそ、複雑な問題を正しく解決する最良の方法なのだ。

陪審定理、インターネット、集団的知性

すでに述べたように、新しい巣をつくるのにどの場所が最適なのかを決定するミツバチと、一つの問題について複数の解決法を検討する私たちの脳のニューロンは、驚くほどよく似ている。群れも脳も、たとえそれぞれの構成要素（ミツバチであれニューロンであれ）が最低限の情報や知性しかもっていなくても、まとまって集団になれば、正しい決定を行なうことができるように組織化されている。

一七八五年、フランスの権威ある経済学者、数学者、革命家でもあるコンドルセ侯爵マリー・ジャン・アントワーヌ・ニコラ・ド・カリタは、集団が正しい決定をくだす可能性についての理論を示した。いわゆる《陪審定理》である。陪審員（集団構成員）の数が増えれば増えるほど、その集団がもっとも適切な決定をくだす確率は高くなるという定理だ。コンドルセによると、多数決の効果は、集団の構成員が、少なくとも適切な判断能力をもってさえいれば、構成員の人数に直接比例する。つまり、最良の解決にたどりつく可能性は、集団の規模が大きくなればなるほど高くなるのだ。

《三人寄れば文殊の知恵》という諺（ことわざ）を集団に置きかえただけだと思うかもしれないが、けっしてそうではない。これがいわばフランス革命のはじまりとなったのだ。コンドルセの定理の正しさは次第に明らかになり、その後、集団的知性のあらゆる研究の基礎理論になった。すでに本章で述べたように、相互作用から生まれる集団的知性は、脳の機能のベースでもある。

家族、会社、スポーツチーム、軍隊など、あらゆる人間集団のなかに集団的知性が見られる。さらに今日では、インターネットが共有されているおかげで、人類はつねに〝相互接続状態〟になりつつある。これほど多くの個人のつながりから、いったい何が生まれ、何が発展していくのだろう？　グローバルなつながりは進化の新しい段階を示している。やがて人類は、想像を絶する未知の能力を手に入れることになるかもしれない。人間とコンピューターが相互接続されたことによって、すでにさまざまな分野で新しい可能性が生まれている。ソースコードの作成、工学分野の問題解決、嘘をついている者の特定、オンライン百科事典の作成などなど。集団的知性を活用している事例は日々増えつづけている。

最近、ベルリンのライプニッツ研究所の生物学部門と魚類生態学部門（魚は集団行動のエキスパートだ）に所属するマックス・ヴォルフ率いるチームが、ある詳細な調査結果を発表した。それは、レントゲン写真にもとづいて胸部の腫瘍を診断する専門医師グループの能力に関する調査だ。通常、こうした場合、およそ二〇％の診断ミスが予想される。しかしヴォルフは、多数決を用いた場合、グループのなかでもっとも優れた医師の診断より、確実な診断結果が得られることを立証した。

こうした能力は、最近では科学問題の解決でも使われ、（タンパク質の構造やナノマテリアルの特性のような）さまざまな分野で予想以上の成果を出している。二〇一六年四月には、デンマークのオーフス大学の物理学者たちが、数万人のオンラインゲームプレーヤーの力を借りれば、数十年まえから取り組んできた量子物理学の問題が解決できると主張した。

集団の力を活用することを私たちがもっともっと学んだなら、これから先どうなるのだろう。人類は革命の扉を開けたばかりだ。この革命は、知性の本質について多くのことを教えてくれるはずだ。そして、今日ではまだ不可能な目的を実現するために、ますます多くの人たちを巻きこんでいくだろう。

合理的な思考を守る砦(とりで)

大部分の生物は脳をもたずに決定を行ない、問題を解決し、絶え間なく変化する状況に対応している。それは信じるのがなかなか難しいことかもしれない。しかし、植物は分散された知性を活用して効果的にそれを実現している。その仕組みを、人間をはじめほかの生物の大部分（全部ではないにせよ）も採用している。結局、脳があるかどうかは、どうでもいいことなのだ。

そういわれると奇妙に思うかもしれない。しかし、私たちが行なっている決定のほとんどは、理性と論理の結果ではなく、本章で述べてきたようなメカニズムの結果なのだ。このメカニズムは〝本能〟とも呼ばれ、選択を行なうときのベースであるにもかかわらず、私たちはそれを排除しようとしがちである。人間は、本能が自分の行動を条件づけていることを認めたくない。自分たちは、論理という澄みきったルールだけを認める知性に導かれた、いわば純粋理性の存在だと思いたがる。だが、そうした考えがまちがいだということは、さまざまな経験が物語っている。友人や同僚と植物の知性について熱い議論を闘わせているとき、私にとっては疑いようのない植物の活動について、彼らは何度もこういってきた。「でも、きみが熱中している植物のこうした反応は、どれも必要に迫られた生来のもので、知性があることを示す理性や論理の結果じゃないだろう」。私たちは、自らが決定をくだすまえに、事実を論理的に分析していると思いたい。自分たちは、慎重で思慮深く分析的であり、注意深く問題を解決していると思いたいのだ。しかし、実際はまったくそうではない。人間の活動は、たいていどんな合理性ともまったく関係のない無意識のプロセスの上に成り立っている。それを証明するためには、時代をさかのぼって、十八世紀と十九世紀の英米の二人の偉人の短い文章を見てみよう。

一人目。一七七九年、ジョナサン・ウィリアムズは大伯父のベンジャミン・フランクリン（一七〇六〜九〇年）に手紙を書き、ある問題について助言を求めた。そのときのフランクリンの返事は、合理的な思考を守る砦としてしばしば引用されている。重要な部分は次のとおりだ。

パリ16区、一七七九年四月八日

親愛なるジョナサンへ

あまりに仕事が多いうえに、友人たちのせいでたびたび中断しなければならず、少しばかり気分が悪くて、きみへの返事が遅れてしまった。［中略］モンシュー氏がきみにもってきたという結婚話については、どう助言していいかわからない。自分の判断にしたがいたまえ。迷っているなら、一枚の紙を用意し、左側の列に賛成の理由すべてを、右側の列には反対の理由すべてを書き出すといい。二、三日よく考えたあと、代数の問題に似た作業を実行せよ。両方の列について、どの理由や弁明が同じ重みをもつのか、たとえば、左側の理由一つと右側の理由一つ、または一つと二つ、二つと三つ……というふうに比べて検討せよ。そして、両方の列から同等のものを消していき、どちらの列に余りが残っているのかを確認する。［中略］重要なことであるにもかかわらず、どうしていいかわからない状況に置かれたとき、私はしばしばこの《道徳的代数》を実践する。それは数学的に必ずしも正しいとはいえないが、充分に役に立つ。ちなみに、これを習得しないかぎり、君はずっと結婚しないままだと思う。

変わらぬ愛をこめて
ベンジャミン・フランクリン

この《道徳的代数》、つまり〝理由のバランスシート〟のもっとも有名なものは、チャールズ・ダーウィンの手帳のなかに見つかった。ダーウィンが、フランクリンの実践していた方法を知っていたのかどうかはわからない。たしかにダーウィンは、フランクリンが科学と技術の発展にすばらしい貢献をしたことは知っていたが、フランクリンの私的な手紙まで読んでいたとは考えられない。それでも、両者の不思議な符合は興味深い。というのも、フランクリンの手紙から半世紀後にダーウィンを悩ませていた問題もまた、結婚すべきかどうかだったのだ。フランクリンの手紙の末尾は、まるでダーウィンのために書かれたかのようだ。一八三八年四月七日、二十九歳のダーウィンがこの《フランクリン・メソッド》を知っていたのかどうかはともかく、一枚の紙を二つの列に分け、それぞれに《結婚する》《結婚しない》という見出しを書き、結婚への賛成と反対の詳細なリストを作成した。それは次ページの表のようなものだった。

問題のさまざまな側面を細かく分析し、それを紙の両側に重要な順に書き出し、必要に応じて〝余り〟を導き出すことは、ダーウィンが選択を行なうときの助けになったのだろうか。彼はどちらを選んだのだろう？　両方の列を見たところ、結婚するほうを選ぶのは難しいだろう。より多くの理由があげられた重要なリストは、紙の右側、結婚反対の列のように見える。しかしダーウィンもまた、ほかの大勢の者たちと同じだった。結婚への不安や、合理的な理由のリストにもかかわらず、このリストをつくってからわずか六か月後に、このうえもなく優美で教養があり金持ちの従妹（いとこ）、エマ・ウェッジウッドと情熱的な結婚をしたのだ。その結果は？　十人の子どもに恵まれ、書簡や当時の証言から判断すると、非常に幸せな結婚生活だったようだ。

合理的に考え抜かれた（手に入る全情報を精査し、賛成と反対の全理由を検討したあとにくだされた）選択は、ほかの選択方法よりも望ましい結果にいたる可能性が大きくて、最良の策だとだれもが考えているかもしれない。だが実際には、人間の決定の大部分は多様なルールにもとづいている。そうしたさまざまなルールは、けっして不合理なのではなく、日々私たちが理想化し、神聖なものだと考えている合理性とはべつの次元の合理性をそなえている。植物にも見られる

結婚する	結婚しない
・子ども（授かれば） ・私に関心を抱く忠実なるパートナー（老年になれば友人） ・愛と気晴らしの対象 ・ともかく犬よりはまし ・家庭と家を守り、世話をしてくれる者 ・音楽や女っぽい内緒話。これらは健康によい。しかし時間の浪費でもある ・だが神よ、働きバチのように働いて全人生を浪費するのは我慢ならない。働いて、働いて、働きつづけても結局は何にもならない。ああ、何にもならないのだ。一生、ロンドンの汚く煙る家で孤独に暮らすことを想像してみてほしい。今度は、穏やかで優しい妻、ソファー、すてきな暖炉、本、場合によっては音楽、そうしたものを思い浮かべてみてほしい。その想像上の光景をグレート・マールボロー・ストリートの汚い現実と比べてみてほしい 結婚する、結婚する、結婚する	・行きたいところへ行ける自由 ・社交クラブでの知的な人たちとの会話 ・親戚を訪問したり、あらゆる愚行に屈したりする必要がない ・経済的な心配や子どもに関する不安がない ・口げんかで時間を浪費しなくてすむ ・夜、読書ができる ・肥満と怠惰な暮らしとは無縁 ・不安と責任がない ・本を買う金がたっぷりある ・もし子どもがたくさんいれば、パンを手に入れなければならない（仕事のしすぎは本当に健康に悪い） ・妻はロンドンを気に入らないかもしれない。そうなれば、独りでわびしく怠惰な生活を送ることになるだろう

この合理性は、進化の経験を積んだ産物であり、けっして人間の誇る大脳皮質が、緻密な検討を行なった結果として生まれるものなどではない。

机の上のカオス

ベンジャミン・フランクリンは《道徳的代数》の発明者というだけではない。多産で多彩な才能の象徴として、歴史にその名を残している。アメリカ合衆国建国の父の一人であり、アメリカ初の公共図書館の設立にも貢献した。また、大学や消防隊を設立し、印刷業者でもあった。フランス駐在大使を務め、政治家にして科学者でもあり、初代アメリカ合衆国郵政長官、およびペンシルヴェニア州知事も務め、さらには避雷針や二重焦点レンズ、煙の出ない特別なストーブの発明家でもある。

フランクリンは偉大な才能と創造性をそなえた稀有な人物だったが、耐えがたい欠点に苦しんでもいた。それは、整理整頓がまったくできないことだ。フランクリンの書斎を訪れた者は、机、本棚、床のいたるところに書類が散らばり、手に負えないほど乱雑なその状態に衝撃を受けた。フランクリンは、そのことについて心底悩んでいた。彼はよく次のようにいっていた。「すべてのものがきちんとあるべき場所にあり、すべてのことが適切なときになされるべきだ」。自分がもっとも重視していることを実行できないことこそ、真の悪癖とみなしていた。彼は一生を通じて、この欠点を克服しようと何度も試みた。しかし、いつも失敗に終わった。それについてフランクリンは次のように記している。「私にとって、秩序は大きな問題だ。自分のこの欠点には本当にいらいらさせられる」。だが、これほどまでに多様な分野で達成された比類のない業績を見れば、秩序を欠いた乱雑な仕事ぶりも、その才能が開花するのをまるで邪魔しなかったように思える。

フランクリンの例を見ると、整理整頓は本当に美徳なのだろうかと考えてしまう。図書館や資料館の司書なら、大量の資料を守るのが仕事だから、乱雑な状態では自分の仕事を果たしていないことになるだろう。しかし、それ以外の者にとっては、無秩序の状態を否定的とか欠点であるととらえるのは、はたして正しいのだろうか？　秩序だった状態とは、フランクリンが「すべてのものがきちんとあるべき場所にある」といっているように、ヒエラルキー的な精神で組織化することを意味する。ところが問題は、それぞれのものにとって適切な場所とはどこなのかという点だ。

机の上に押し寄せる大量の書類について考えてみよう。書類を整理するための適切なシステムとはどのようなものだろう？　分類するには、どのくらいの広さの机が必要になるのだろうか？　ここで個人的な例をあげることをお許し願いたい。私はフィレンツェ大学で教鞭（きょうべん）をとっている。つまり、疲労度の高い官僚的な仕事をこなさなければならない。毎日、机の上には、きわめてあいまいな書類が片っ端から置かれていく。イタリアの無限に続く官僚主義的なピラミッドにおいて、ヒエラルキーのどの階級に属する者も嬉々として、比較検討、弁明、報告、費用の払い戻し、意見、記録、収支決算、見積もりなど、思いつくかぎりのありとあらゆる文書を机の上に置いていく。あまりに量が多すぎて、精神的に参ってしまうほどだ（私がヒエラルキーのない植物が大好きなのは、このせいでもある）。

若い教授だったころ、私もフランクリンのように、きちんと整理された机こそが大きな効率を生むと思いこんでいた。そのため、多数のファイルケースを買いこみ、飽くことを知らぬわれらが役人たちが要求する書類を分類・整理しはじめた。すると、すぐにオフィスがファイルケースであふれかえってしまったため、カテゴリーを八つにしぼって分類することにした。ところが残念ながらこの試みは長くは続かなかった。保管している書類を取り出さなければならないときに、私の決めたカテゴリーはちっとも役目を果たさなかったのだ。北京の出張申請書は《外国》のカテゴリーに入れただろうか、《払い戻し》のカテゴリーに入れただろうか？　それとも、北京で一週間講義をしたのだから、《教育》のカテゴリーにしまったのだろうか？　そんなぐあいだ。そのため、がんばって創造力を発揮し、新たに下位のカテゴリーを追加した。そうすればうまくいくと信じていた。約一年のあいだ、私は意地になって奇妙な分類を次々につくりだした。猛烈な勢いで押し寄せる官僚主義の奔流に、理性の堤防で対抗できると思っていたのだ。なんと愚かだったのだろう！

幸運にも、親切な運命の女神がやってきて、人間の頭ではけっして思いつかないような非常識きわまるカテゴリーに私を出会わせてくれた。ホルヘ・ルイス・ボルヘスが短篇『ジョン・ウィルキンズの分析言語』のなかで紹介している架空の中国の百科事典『善知の天楼』がそれだ。この事典では動物が次のように分類されている。「a．皇帝に帰属するもの、b．芳香を発するもの、c．調教されたもの、d．幼豚、e．人魚、f．架空のもの、g．野良犬、h．この分類にふくまれるもの、i．狂ったように震えているもの、j．無数のもの、k．駱駝(らくだ)の繊細な毛の絵筆で描かれたもの、l．その他のもの、m．花瓶を割ったばかりのもの、n．遠くで見ると蝿(はえ)に似ているもの」（『異端審問』晶文社、中村健二訳）

ボルヘスのような巨匠が試みた分類は啓蒙的だ。哲学者ゼノンによるアキレスと亀のパラドックスのように、分類のしかたは無限にある。官僚制度は、これまでのカテゴリーでは分類できないような新しい要求をたえず生み出していくのだから。こうして私は、何も分類せずに、新しい書類が机（幸運にも私の机は広い）の一部に自動的に積み上がっていくままにすることにした。自分のなかに残っていた資料館員精神の最後のひとかけらを振りしぼって、机のその場所を《わずらわしいもの置き場》と命名した。

フォースの暗黒面に一度身を任せてしまえば、無秩序によって多くのことを成し遂げることができた。カオスに秩序をもたらさないことで、多くの時間が節約できたのだ。書類の山が、がまんならないほど高くなり、机の向こう側の人が見えなくなったときには、二時間ほど《大掃除》をする。書類にざっと目を通し、ほとんど全部を情け容赦なく、くずかごに投げこむの

私の研究室の机の上は、まったくカテゴリー分けの必要のない自己組織化の一例で、最重要の書類がいつも必ず上にある。

だ。こうして手の届く範囲に残るのは、いつもほんとうに重要なものだけになる。このシステムならざるシステム（非システム）を活用して以来、重要書類をなくすことはなくなった。ほんとうに役に立つものは、いつも自然と手近なところにあるものだ。とくに何も気にかけなくても！

私は最近になって、こうした方法は、じつはキャッシュ（小容量だが非常に速いメモリー領域のことで、その目的はプログラムの実行速度を上げること）の管理のために情報科学で活用されている戦略の一つだと気づいた。キャッシュ管理のアルゴリズムは、机の《大掃除》とよく似た問題を解決しなければならない。キャッシュがいっぱいになると、アルゴリズムは新しいファイル用の場所を空けるために、破棄するファイルを選ばなければならないからだ。

秩序が優れていると考えるのはごくふつうのことだ。だらしない生活に慣れた人でさえそうなのだから。秩序づけることは組織化することを意味する。つまり、まったく類似性をもたないものを、無理やりいっしょに押しこめる牢獄をつくることだ。そして、ヒエラルキーを、階級を、集団を、下位集団をつくることだ。私たちが何かを分類するときには、それが物理的な分類であれ精神的な分類であれ、動物の体のヒエラルキー構造をくり返し模倣し、それを再生産しているのである。

インターネット時代の協同組合へ

国家、資料館、政治モデル、会社経営、機械、論理的な組織構成など、人間はあらゆるものを人間の身体構造にもとづいてつくりだそうとしがちだ。より正確にいえば、自分自身について抱いているイメージの一部をベースとする（〝一部〟というのは、じつは私たちの脳も、非中心的、非ヒエラルキー的なしかたで機能しているからだ）。だが、そのせいで私たちは、植物のような分散された構造と組織において発達するはずの、きわめて創造的で革新的な潜在力を引き出せずにいる。今やどんな社会にも、ヒエラルキーに本質的にそなわっている官僚主義が急速に広がっている。こうした社会は、絶え間ない環境の変化に立ち向かうために必要な柔軟性を失い、自らの堅牢な組織の重みにつぶされて、衰退していく。

ようするに、動物のモデルは効果的で安定しているように見えるだけで、実際はギプスで固められたモデルなのだ。ヒエラルキーにもとづき、少数の者が決定権をにぎっている組織は、どんなものであれ失敗する。とりわけ、革新的で多様な解決が必要とされる世界においては。そう考えると、人類の未来は、植物のモデルにもとづいてつくりだす以外にはありえないはずだ。

気づかぬうちに、革命はすでに進行中だ。インターネットのおかげで、植物の構造によく似た分散された非ヒエラルキー的な組織は倍増し、広く歓迎されている。優れた成果も出している。たとえば、ウィキペディアは、植物的な組織がどのように構築されるかを知るには最高の例だろう。とてつもなく広範に普及した、巨大で正確な百科事典をつくるという、一見奇跡のように見える大仕事が、どんなヒエラルキー的な組織もどんな助成金もなしに、無数の協力者のおかげで実現したのだ。この百科事典は、二〇一六年末時点で、英語版だけでも五百三十一万五千八百二の項目を数えている。この項目数は、『ブリタニカ百科事典』に収載するなら二千巻以上に匹敵する。他言語の版も計算に入れると、ウィキペディアは三千八百万項目を超え、これは『ブリタニカ百科事典』一万五千巻分より多い。作業の共有ルールはわずかなのに、それによって実現された仕事はあまりにも巨大だ。

ある組織がヒエラルキーやコントロール機関をもたずに、どうして成功できるのか？　契約も報酬もなしに、自分の仕事の成果物をどうして他人と共有できるのか？　勤務評定もなく、自由意志によってプロも顔負けの質の高い成果を、どうして生み出すことができるのか？　ウィキペディアはこうした問いへの答えであり、植物的な組織なら、どんなことが実現できるのかを垣間見せてくれる。それはまた、はじまりにすぎない。私が思い描くのは、こうした組織の登場でますます豊かになる未来だ。将来は、トップダウン式の決定プロセスはなくなり、企業家の役割をはじめとするあらゆる機能が、資産とともにますます分散されるだろう。

実際、少なくともヨーロッパでは、植物モデルにしたがって組織された構造は、しばらくまえから存在している。それは〝協同組合〟である。協同組合はヒエラルキーのない組織で、全組合員が組織を支えている。具体的には、個々の組合員が資産を所有する権利をもつ、組合員一人ひとりが自由な考えで投票する権利をもつ、だれもが組合員になれる、など。このような構造の特徴により、協同組合は、外的または内的な危機に対して、より大きな抵抗力をもつ。

今日、ＩＴを活用したニューエコノミーへ適切に移行するためには、協同組合のようなかたちが必要だ。ニューエコノミーのコンセプトは、少数の人の手に莫大な利益を積み上げていくウェブ業界の巨人たちの理念と結びついているが、このまま放置していると、いずれ大惨事を招くだろう。したがって、組織の創造性と危機に対する抵抗力を高めるには、植物の脱中心的構造を模倣するだけでなく、分散という新しい所有形態を考えるべきだ。そういった意味で、

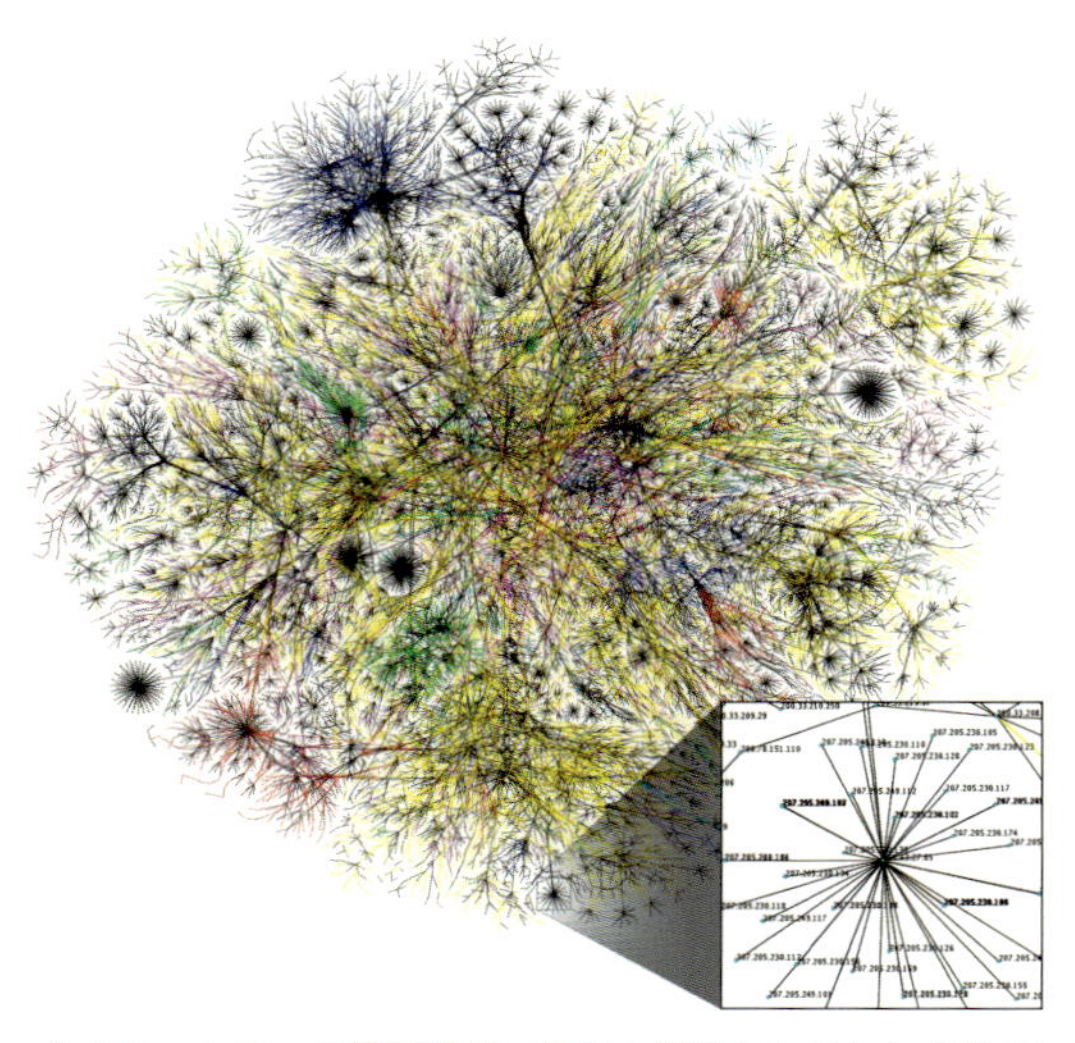

インターネットのネットワーク構造図が、根系の構造ととてもよく似ているのは、同じ必要性に応えているからだ。つまり、指令センターのない分散されたシステムの必要性である。

協同組合の伝統が、今日のインターネットの途方もない力と結びつけば、未来のためにもう一つのすばらしいモデルを示すことができる。ウィキペディアのように、インターネットと集団的知性のもつ潜在的な力が手を組めば、はたしてどのような結果が得られるだろう。想像もつかない。

古代ギリシャとルネサンス期のイタリアは、西洋文明史においてもっとも創造的な時代だった。古代ギリシャでは、地理的に分散していた各都市国家と、集団的な決定権を各市民に認めていた政治形態とが、人類の知のあらゆる分野で比類のない創造性を発揮する時期を生み出した。

公爵や僭主が統治するイタリアのルネサンスのさまざまな都市国家でも、同じことが起こった。十六世紀初頭のフィレンツェの路上で出会うことができたのは、レオナルド・ダ・ヴィンチ、ミケランジェロ、ラファエロ……。

二〇五〇年には、地球の総人口は百億になるだろう。今日の人口より三十億人も増えるため、世界的な問題となっている。資源が不足するかもしれないからだ。しかし、私は心配していない。人口が三十億人増えるということは、そのぶん思考する頭脳も増えるということだ。自由に創造力を発揮できるかぎり、それは問題ではなく大きな資源となる。三十億の人々が自由に考え、新たなものを生み出していけば、どんな問題でも解決できるだろう。逆説的に思えるかもしれないが、近い将来、私たちが停滞状態を乗り越えてふたたび〝動きはじめる〟ためには、動かない植物からヒントを得ることがどうしても必要になってくるはずだ。

第 7 章

美しき構造力

～建築への応用

オオオニバス（学名 *Victoria amazonica*）の葉の裏側の葉脈。こうした構造のおかげで、葉は重いものを支えることができる。

建築は、秩序、配置、美しい外観、部分間の均整、釣り合い、配列以外の何ものでもない。

（ミケランジェロ・ブオナローティ）

都市計画の基本素材は、重要な順にあげれば、太陽、樹木、空、鉄、セメントである。

（ル・コルビュジエ）

医者は自分のミスを闇に葬ることができるが、建築家はツタを植えるようにと顧客に勧めることしかできない。

（フランク・ロイド・ライト）

《葉序タワー》

レオナルド・ダ・ヴィンチの数えきれない才能のうち、あまり知られていないものに、植物を観察する能力というのがある。彼のおかげで、植物の基本的な本性がいくつか見つかっている。たとえば、樹木の年輪の形成の仕方などである。また、年輪の数、年輪の幅、パターンを調べれば、木の年齢や木がどのような気候を経験してきたのかを導きだすことができる、ということも発見した。ただし、幹を太くするために何か特別な組織が働いていることまでは気づいたものの、その組織が〝形成層〟だとわかるのはずっとあとになってからだ。ダ・ヴィンチは「植物がどんどん太くなっていくのは樹液が原因である。樹液は四月に木の表面と木の幹とのあいだで分泌され、その際に木の表面は樹皮に変化する」と書いている。

本章でくわしくとりあげるのは、ダ・ヴィンチのまたべつの発見である。それは、枝についている葉の並び方、つまり《葉序》の原理についてだ。ダ・ヴィンチは《葉序》の基本的概念をくわしく記述している。一般に、博物学者シャルル・ボネ（一七二〇〜九三年）が最初に《葉序》を発見したといわれているが、それより何世紀もまえのことだ。いったい何が葉序を正確に定めているのか？

　さまざまな植物の枝についた葉の並び方を注意深く観察してみると、一定のルールにしたがって並んでいることに気づくだろう。きちんとした螺旋(らせん)状に配置されているものもあれば、幹から分かれている分枝に対して垂直に配置されているものもある……。ようするに、どんな植物も葉の配列については独自のルールをもっている。そんなことはたいして興味深いことでもないし、植物の分類以外、なんの役に立つのかと思うかもしれない。ましてや、どんな家を建設するかに影響を与えるなんていわれても、まさかと思うだろう。ところが、実際には葉の並び方はさまざまなことに影響を与えているのだ。

　レオナルド・ダ・ヴィンチは並はずれた科学者だ。現象について記述するだけでは満足せず、現象を生みだす原因を理解し、発見したことを実際に応用しようとする。葉序の意味について説明しているのもそのためだ。葉序は、葉が影をつくらず、光が植物にできるだけ当たるように工夫された並び方だ。この配列は植物の何億年もの進化の賜物(たまもの)であり、応用するだけの価値がある。実際、建築家サレハ・マスーミが設計した《葉序タワー》というプロジェクトはその

《葉序》とは枝についている葉の並び方。植物はそれぞれ独自の葉序のルールをもっている。

好例だ。マスーミは、枝に並ぶ葉の配列にヒントを得て、ユニークな特徴をもつ居住用の高層ビルを設計した。

共同住宅や高層建築では、居住ユニットはほかの居住ユニットに囲まれているために、自然の恩恵を受けにくいという大きな問題がある。多くの場合、下の階の天井は、すぐ上の階の床だ。こうした状況では、ほかの居住ユニットに遮られて日の光はわずかしか入ってこない。しかし、マスーミが設計したタワーはこの問題を見事に解決した。各居住ユニットを、建築物の中心軸のまわりに、葉序の配列にしたがって並べたのだ。こうすることで、すべての枝についている葉のように、すべての居住ユニットが光を受けとれるようになる。各ユニットの上部は空に面しているので、太陽光を集めてエネルギーとして利用することもできる。

実際、どの階層も日当たりよくするには、葉序以上に優れたモデルはない。この解決策が建築物に応用されれば、少しまえまでは不可能に思えたエネルギー問題の解決もなしとげ、建築物の基本設計に革命を起こすことができるだろう。もしかすると天才ダ・ヴィンチは、葉の配列の研究のおかげで、いつの日か新しいタワーが設計されることを予測していたのかもしれない。ともあれ、科学は、関心の対象——植物もふくまれる！——が何であれ、応用されることで、しばしば予想もつかない結果を生み出す。むしろ、その予測不能なところにこそ、科学の魅力があるといえるだろう。

イギリスの貴族を魅了したオオオニバス

十九世紀前半、植物学者だけでなく、建築家からも注目を集めることとなるオオオニバス（学名 *Victoria amazonica*）の壮大な物語がはじまった。当初、この植物は、命名すらされずにいた。この植物の種子についての説明書がフランスに届いたのは一八二五年、送り主はフランスの博物学者、植物学者、探検家のエメ・ボンプラン（一七七三〜一八五八年）だったが、彼はそれ以上この発見を広めることはなく、この新種に名前もつけなかった。一八三二年、ドイツの探検家エドゥアルト・フリードリヒ・ペーピッヒ（一七九八～一八六八年）は、この植物をアマゾン熱帯雨林で発見し、「*Euryale amazonica*」と名づけて公表した。結局、一八三七年にジョン・リンドリー（一七九九～一八六五年）が、ヴィクトリア女王にちなんでこの植物を「*Victoria amazonica*」と名づけた。そのときから、この植物の栄光の歩みがはじまった。

ここでこの植物種をとりあげるのは、上品さと巨大さで世界じゅうの人々を魅了しただけでなく、巨大な葉の並はずれた頑丈さで建築家と技術者の想像力を刺激したからだ。オオオニバス――今日、展示されているどの植物園でもスーパースターになっている――は、瞬く間に一般の人々のあいだでも有名になり、十九世紀末の大衆的なアイドルとして認められるようになった。その画像は、布地や書物や壁紙にも印刷され、この花の蠟製（ろうせい）の複製品も流行する。巨大な葉の上に子どもが乗っている写真は、このエキゾチックな水生植物への好奇心をさらに刺激した。途方もない重量に耐えられる葉の構造が専門家の注目を集めたことはいうまでもない。重さが四五キロもあるものをのせても、破れたり変形したりすることなしに葉一枚で支えることができるなんて、いったいどうやって？　この驚きの特徴を人工的に再現できるかどうかに、とりわけ関心が集まった。

オオオニバスの葉は、縁が反り返った大きな丸いトレイのような形で、直径が二メートル半になることもある。静かな水面の下のほうにまで長い茎が伸び、茎は泥のなかに埋まっている。葉の表面はワックスでコートされ、水に濡れると水滴がすべり落ちる。裏側の葉身（ようしん）は赤紫色で、

スイレン科の水生植物オオオニバスの葉は、直径2メートル半に達することもある。

棘が生え、捕食者の魚や哺乳類のアマゾンマナティなどから葉を守るのに役立っている。葉脈のあいだに溜まった空気によって、葉は水面に浮かぶ。各個体は四十枚から五十枚の葉をつけ、水面を葉で覆って光を遮り、水中あるいは水上に生息しているほかの植物の成長を邪魔する。

一八四八年、オオオニバスの進む道は、ジョセフ・パクストン（一八〇三～一八六五年）の人生と交差した。パクストンは、先祖代々の邸宅チャッツワース・ハウスに居住する第六代デヴォンシャー公爵ウィリアム・キャヴェンディッシュに仕える庭師だった。植物栽培の才能をもち、二十三歳になったばかりのころにチャッツワース・ハウスで公爵の庭の手入れをする庭師として雇われたのだ。英国貴族社会ではありがちだが、キャヴェンディッシュ公爵も植物を病的に偏愛していた。彼はまず、巨大な温室と木々の生い茂った樹木園が併設された、世界でもっとも重要な植物園の一つを所有していた。そこではバナナも栽培されていた。今日私たちのテーブルに上がるバナナの四〇％以上が、チャッツワース・ハウスの品種に由来するといわれている。ジョセフ・パクストンが庭師とし

チャッツワース・ハウスの温室内で撮影された、ジョセフ・パクストンとオオオニバスの美しい葉。

て評判の力を発揮し、チャッツワース・ハウスで栽培することに成功したのは、モーリシャス産のあるバナナ系統とされる。主人の名をとってそのバナナの品種はキャヴェンディッシュ・バナナ（学名 *Musa cavendishii*）と名づけられた。

イギリスの貴族社会のもう一つの特徴は、競争への情熱である。デヴォンシャー公爵ウィリアム・キャヴェンディッシュとノーサンバーランド公爵は、どちらが先にオオオニバスの栽培と開花に成功するかで激しく競り合いはじめたのだ。デヴォンシャー公爵は、この勝負に勝つためにパクストンを頼りにしたが、その期待は裏切られなかった。一八四八年、この主任庭師は、王立キューガーデンからオオオニバスの種子を手に入れる。そして、もともとそのオオオニバスが生息していた環境の気候条件に合わせた暖かい温室で細やかな世話を行なった結果、数か月で開花に成功する。巨大な葉をもつこの植物の花は、チャッツワース・ハウス最大の呼び物となり、ヴィクトリア女王も、フランス大統領のナポレオン三世（のちに皇帝）をともなって訪れたほどだ（抜け目のないパクストンは、女王にじつに見事な標本の贈り物をしていた）。

現在、オオオニバスは特別な花としてよく知られている。受粉を確実に行なうためにユニークな方法をとっているからだ。花の命はおよそ二日間と短く、最初は白色をしている。花が開いた最初の夜に、パイナップルに似た甘い香りが送粉者の甲虫類を引き寄せる。さらに、いわゆる〝吸熱反応〟や〝熱発生〟で知られる熱化学反応を利用して花の温度を上昇させる。この能力をもっている植物種は非常に少ない（花をつける園芸植物の仲間としてよく知られている約四百五十種のうち、熱発生能力をもっているのは十一種のみ)。熱発生の目的は、受粉のために昆虫を引き寄せること。昆虫がなぜ引き寄せられるかというと、熱を必要としていたり、熱が昆虫を呼び寄せる化合物を揮発しやすくしたり、哺乳類の糞の温度に似ているため産卵するハエが寄ってきたりするからだ。いずれにしても、花が熱を発するのは送粉者を引き寄せるためであ

オオオニバスの葉は、数十キロの重さが上にのっても耐えられるほど丈夫な構造をしている。

オオオニバスの葉の裏側の構造。ジョセフ・パクストンがのちに万国博覧会の会場《水晶宮》の設計に利用した。

り、オオオニバスもけっして例外ではない。

この段階では花には雌しべしかないが、甲虫類がほかの個体から集めた花粉を受けとる準備はできている。昆虫は花の内部に進入すると、ほかの花由来の花粉を柱頭まで運び、授粉を可能にする。そのあいだは花弁が閉じてしまい、昆虫は次の夜まで花のなかに閉じこめられる。翌朝、花は姿を変え、今度は雄花の特徴を帯びる。葯（やく）が成熟し、花粉がつくられるのだ。夜になるとふたたび花が開き、色も変える。今度は、受粉したしるしとしてピンク色になり、においも熱も発しない。昆虫は解放され、花粉まみれの状態で飛んでいき、オオオニバスのべつの個体

オオオニバスの花は開花後の最初の夜は白く、次の夜にはピンク色になる。受粉は甲虫類を介して行なわれる。

（白い花だけをつけているオオオニバス）で、またこのプロセスをくり返す。受粉が完了して送粉者を外に出したあと、花はふたたび閉じて水中に沈む。

一八四八年当時、この受粉プロセスはまったく知られていなかった。そのため、この時代にオオオニバスの栽培に成功して花を咲かせただけでも、庭師の王と呼ぶにふさわしい偉業だった。実際、パクストンの名声は植物愛好家の垣根を越えて、一般にまで広まった。だがこれは、すばらしいサクセスストーリーの幕開けにすぎない。オオオニバスがジョセフ・パクストンにもたらした成功は、これにとどまらず、まだまだ続くのである。

オオオニバスの葉は、初の万国博覧会をどうやって救ったのか？

一八五一年、ロンドンでは世界最初の万国博覧会の準備が進行中だった。世界じゅうの代表団と、数百万にものぼると見込まれる訪問客のために、巨大な建造物をハイドパークに建築しなければならない。世間の耳目を集めるこのイベントには、偉大なる大英帝国を誇示するにふさわしい豪華絢爛さが求められていた。この建築プロジェクトには、クリアすべき条件がたくさんあった。何よりも工期が長すぎてはならず、短期間で完成しなければならない。コストも問題だった。帝国を偉大にしてきた節制の原則にしたがい、最小の予算で建造でき、なおかつ必要な機能を充分にそなえたものでなければならない。このプロジェクトの選考会にはヨーロッパじゅうの建築家が参加した。委員会は二百四十五の企画書を受けとり、長時間審査した結果……すべてを不採用とした。

選考に時間がかかったあげく、使えるデザインが一つもないなど、だれも予想していなかった。開催まであと数か月しかないのに、どうやって大博覧会を迎えたらいいのか、なんのアイデアもなかった。いったいどうすればいいのだろう？　議会でも、新聞でも、パブでも、その話題でもちきりだった。こうして、短期間で巨大建造物の設計・建築を実現すべく四人の専門家が指名された。だが残念ながら、四人とも失敗に終わった。グレートブリテン島は、ひどく

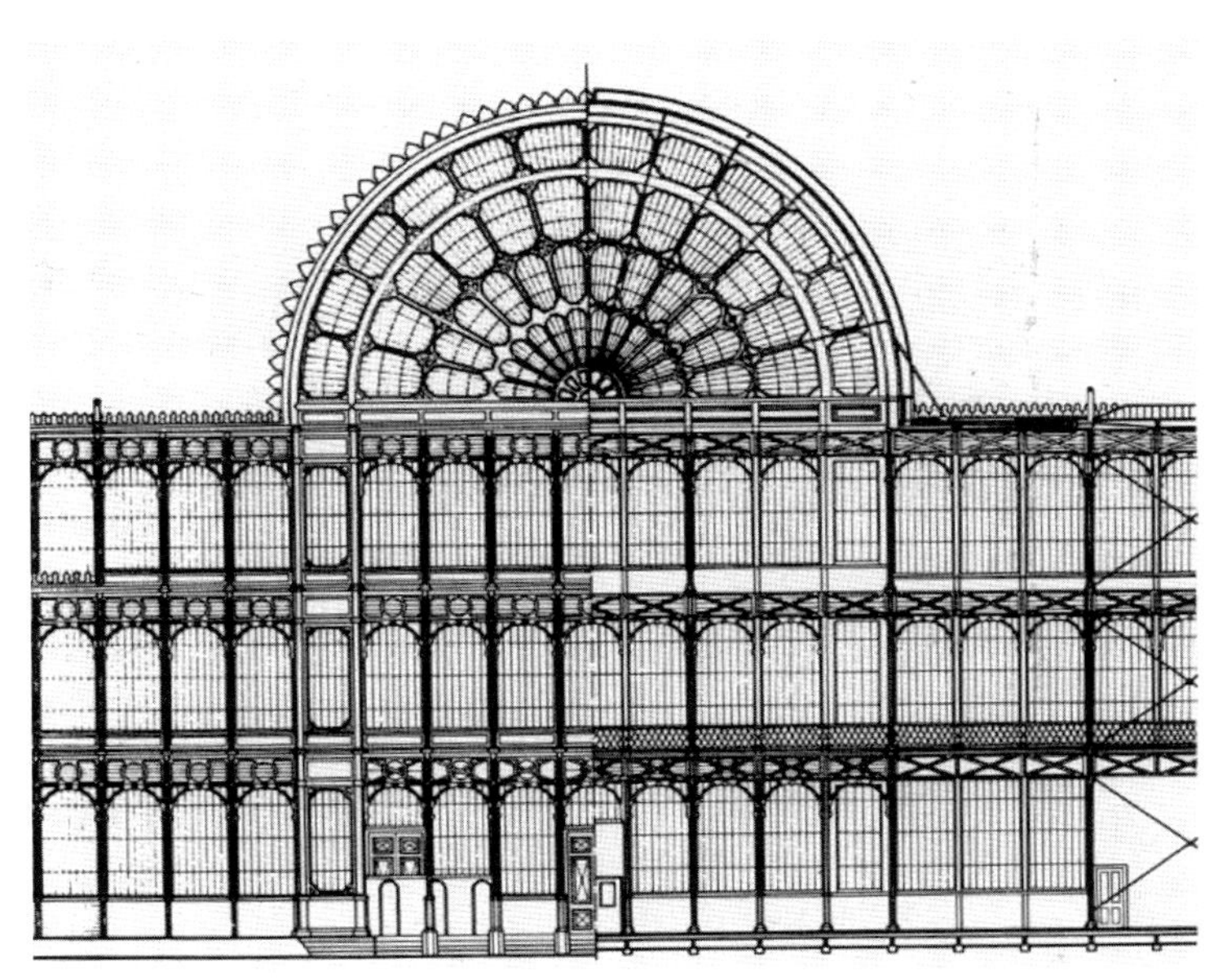

万国博覧会会場《水晶宮》の正面画。パクストンはオオオニバスの葉の構造にインスピレーションを得て、半円形天井の正面部分を設計した。

みっともない姿を世界じゅうにさらすかもしれない危機に陥っていた。この博覧会で、大英帝国の進歩と技術的革新が高らかに謳(うた)われるはずだったのに、それがみじめな結果に終わりそうなのだ。万事休すと思いきや、ジョセフ・パクストンが革命的なアイデアを手にこの状況に立ち向かった。彼のアイデアは、あらかじめ製造したモジュールを利用して、鉄骨とガラスでできた巨大建築物を建てるというものだ。この天才的なひらめきが新たな歴史をつくることになった。

パクストンが設計したのは、

とてつもなく巨大な建造物だった。面積約七万平方メートル、長さ五六四メートル、幅一二四メートル、高さ三九メートル。サン・ピエトロ大聖堂が四つ入るほどの大きさだ。これほど大きなものを限られた時間と予算内で建造するには、あらかじめ製造しておいた同一のモジュールを利用するという驚異的なひらめきがなければ、不可能だっただろう。ここ数年で、イギリスの技術力は、この建築に必要な数万個のモジュールを短期間で製造できるほど進歩していた。そこで、まずは一辺約七メートル半の正方形のベースユニットが製造された。最初のモジュールに次々と新しいモジュールを加えることで無限に拡大できる。展示スペースも、必要なモジュールの数を計算して設計された。

大量生産による建設ならそれほど時間がかからず、伝統的な壁造りの建築物に比べれば、はるかにコストもかからない。おまけに博覧会が終了して全部撤去しても、パーツをほかの用途に使うことができる。こうして正式に、パクストンは、巨大なガラスの温室のような建造物を建設することを提案した。ハイドパークの敷地内にある樹木がすべてすっぽり収まってしまうほどの大きさだ。以前パクストンは、キャヴェンディッシュのコレクションであるエキゾチックで貴重な植物をイギリスの寒い気候から守るために、同様の建築物をいくつか設計したことがあった。そうした暖房設備をそなえた温室のうち、もっとも壮大なものは、《大温室（グレート・ストーブ）》だった。この巨大な熱帯の苗床は、馬車で内部を見学できるほど広大だった。それでも、パクストンが万国博覧会のために建設するものに比べれば、たいした大きさとはいえなかった。

水晶宮の全景。1851 年に世界初の万国博覧会を迎えるために、ハイドパークに建設された。

水晶宮のモジュール構造は植物にヒントを得たもので、支柱も支持壁も必要なく、内部の全面積が利用可能だった。

しかし、これほど大きな建築物は、緻密な構造的条件をきっちり守らなければならない。さらに、限られた予算で、限られた期間内に作業を終わらせなければならない。ここでパクストンに、すべての制約を満たす天才的なひらめきが起こった。それが、オオオニバスの葉の葉脈をまねた巨大なアーチの天井をつくる、というものだった。二つのバイオインスピレーション――巨大建築物の構造のためのモジュール構造とオオオニバスの放射状構造の利用――は、どちらもこの人物が植物学に対して注いできた、とてつもない情熱の賜物だった。

二千人以上の作業員が建設のためにきびきびと働いた。この建物は、有名な風刺雑誌『パンチ』で《水晶宮(クリスタル・パレス)》と名づけられ、その名はあっという間に広まった。そして、わずか数か月ほどで水晶宮は完成した。パクストンとオオオニバスのおかげで、ロンドンは強大な帝国にふさわしい壮大さと絢爛さをそなえた、世界初の万国博覧会を迎える準備が整ったのだ。水晶宮は、各国から集められた一万四千点以上の展示品を難なく迎え入れ、たちどころに大英帝国の優れた技術革新の力を世界に知らしめた。博覧会は大成功を収めた。五百万人以上(当時のイギリス人口の四分の一)が博覧会を訪れたが、そのなかにはチャールズ・ダーウィン、チャールズ・ディケンズ、シャーロット・ブロンテ、ルイス・キャロル、ジョージ・エリオット、アルフレッド・テニソンもいた。チケット販売の純利益は、ヴィクトリア&アルバート博物館、科学博物館、自然史博物館の建設だけでなく、産業研究の奨学金の基金設立のためにも使われた。その基金は今なお運営されている。この奇跡の建築物を設計した英雄パクストンには準男爵の

1956年、ネルヴィとヴィテッロッツィは、オオオニバスの葉の葉脈の構造を模してローマのパラッツェット・デッロ・スポルトを建設した。

爵位が与えられた。オオオニバスと植物学をけっして忘れることなく、大きな情熱を抱きつづけたパクストンは、その後、実業家に転身し、一財産を築き上げた。

水晶宮以降も、オオオニバスの魅力はやむことなく建築家の関心を惹きつづけ、多くの者が程度の差はあれ、オオオニバスの葉脈にヒントを得た建物の建設に乗りだした。そうした数々の建築物のなかでも思い出されるのは、フィンランド出身でアメリカ合衆国の市民権を得た建築家エーロ・サーリネンが設計した、ニューヨークのジョン・F・ケネディ空港の五番ターミナル。さらに、一九五六年にエンジニアのピエール・ルイージ・ネルヴィと建築家のアンニバーレ・ヴィテッロッツィがデザインしたローマのパラッツェット・デッロ・スポルト（スポーツホール）。巨大な葉をもつ植物の魅力はとどまるところを知らない。数年まえにも、建築家ヴァンサン・カレボーが、《リリパッド（スイレンの葉）》と呼ばれる海上浮遊都市を提案した。完全に自立した都市で、五万人まで収容できる。これもオオオニバスの並はずれた形態にヒントを得たものだ。この植物と建築家たちの蜜月関係はいまだ終わっていない。

砂漠を生き抜く植物たち

オオガタホウケン（学名 *Opuntia ficus-indica*）〔ウチワサボテンの一種〕は、世界の乾燥帯や準乾燥帯でよく見られる植物だ。乾燥状態への適応能力があるおかげで、そうした環境でも育つことができる。まさにこの適応能力が、建築分野に数々のインスピレーションを与えてくれる。砂漠地帯を生き延びるには、ふつうとはちがう能力が必要だ。植物内部の温度が摂氏七十度以上にまで上昇することもあるので、極端な高温に耐えなくてはならない。また、年間の降水量が四月のロンドンの一日の降水量を下回るため、生存に必要な水をなんとか手に入れなければならない。餌として狙ってくる動物からも身を守らなければならない。ほかにもさまざまな能力が必要になる。

それは不可能な挑戦のように思えるかもしれない。しかし、オオガタホウケンやサボテン科に属するほかの多くの種にとっては、けっして不可能ではない。実際、それらの植物は極度に

オオガタホウケン（学名*Opuntia ficus-indica*）はメキシコ原産のサボテンだが、地中海地方全域に自生する。その構造は、淡水が少ない場所に生息するのに完璧に適している。

乾燥した砂漠の過酷な環境でも生き延び、自らの構造自体を変えるという驚きの変身術のおかげで、ひどい環境条件をむしろうまく利用している。構造を変化させた代表選手が葉を完全に消し去ったサボテンだ。葉は光合成を行なう中心的存在、植物のシンボルともいえる基本的部分だが、体内の水分の大半がこの葉を通して失われてしまう。そのため、オオガタホウケンは葉を排除し、茎の内部に光合成機能を移すことで水分が浪費されないようにしている。

さらに、水分を節約するために、光合成のプロセス自体を修正している。つまり、サボテン科は環境に適応して、気孔による二酸化炭素の獲得（光合成プロセスに必要だ）を夜間に行なう。夜は蒸散作用のせいで失われる水を、最小限に抑えることができるからだ。事実、多くの植物にとって、気孔の開閉コントロールは簡単ではないが、とても重要だ。気孔を開いたままにしておけば、二酸化炭素をたっぷり葉に取り入れることができ、その結果、たっぷり光合成を行なうことができる。だがいっぽうで、葉全体に散らばったごく小さな扉（たとえばタバコの葉には、一平方センチメートル当たり約一万二千個の気孔がある）から水蒸気がどんどん失われていく。この問題を解決するには、さまざまな環境変数に応じて、気孔を開けるのか閉じるのかを決定しなければならない。

このように、気候条件を最大限活用するには、気孔の開閉コントロールを完璧に行なうことが大切だ。日中、とくに日差しの強いときに気孔を閉じるのが少しでも遅れたら、生命力が強い植物でさえ枯れてしまう。二酸化炭素の獲得と光合成によるその固定化（とりこんだ二酸化炭素を炭水化物に変換して保持すること〕を、光の当たる日中に同時に行なうほかの種とは異なり、CAM（crassulacean acid metabolism=ベンケイソウ型有機酸代謝、つまりサボテンに特有の特殊な型の光合成）のサイクルにしたがっている植物では、二酸化炭素のとりこみと炭水化物への変換は、それぞれ一日のべつの時間帯に行なわれる。夜間に二酸化炭素を吸収し、翌日の昼間にその二酸化炭素を固定化しているのである。

だが、失われる水分量を最小限に抑えるだけでは充分とはいえない。正常な代謝をきちんと行なうには、ある程度の量の水分を摂取しなければならないからだ。つまり、失われた水分を補える水源を見つけることが死活問題となる。では、雨の降らない土地ではどうすればいいのだろう？　とくに土壌の水分量がほとんどゼロという環境で、どうやって水分補給ができるのか？　オプンティア属（オオガタホウケンをふくむ属）の多くの種は、一見不可能に思えるこの大仕事が得意だ。驚くべき適応力のおかげで、この植物は砂漠で水が手に入れられる唯一の水源から水を吸収することができる。つまり、空気からだ。《葉状枝》（オオガタホウケンの体を構成する一要素で、俗に「スコップ」とも呼ばれる）〔本来茎である部分が葉のようになったもの〕を覆う毛のように細い棘は、動物に対する防御になるだけでなく、空気中の水蒸気を凝結させるすばらしい道具でもある。空気中の水分は棘に捕らえられ、大きな水滴の状態で葉状枝の内部へと運ばれる。葉状枝にはたくさんの働きがあるが、水を蓄える役割も果たしている。体表面の独特な構造的特徴を活かして空気中の水分を凝結させるこうしたシステムは、植物でも動物でも、数多くの種で見られる。

この点について理解するため、舞台をナミビアに移そう。ナミブ砂漠は地球上でもっとも乾

ウェルウィッチアは、地中の深くまで到達する直根〔分かれることなくまっすぐに伸びる根〕と長さが5メートルになることもある2枚の葉をもっている。

燥した環境の一つであるだけでなく、太古の昔からずっと存在している。ここ数万年に乾燥の時期と湿潤の時期の大変動をくり返したサハラ砂漠とは異なり（サハラ砂漠は、今からわずか一万五千年後にふたたび緑の環境に戻るという予測さえある）、ナミブ砂漠は少なくとも八千万年まえから変わることなく乾燥したままだ。これほど長く時が流れるにしたがい、無数の種が進化して、乾燥に適応し、たまに海から砂漠の後背地にまで漂ってくる霧にふくまれた水分を利用することを学んだ。この地域の典型的な種の一つが、ウェルウィッチア（学名 *Welwitschia mirabilis*）（チャールズ・ダーウィンの有名な定義によれば、《植物

ウェルウィッチア（*Welwitschia mirabilis*）はカラハリやナミブの砂漠地帯に分布する裸子植物（マツやモミと同じ仲間）で、極端な乾燥状況のなかで生きている。

のカモノハシ》だ。この植物は葉を二枚しかつくらないが（葉が裂けて、何枚もあるように見えることがある）、その葉はたえず成長を続け、長さ五メートルに達することもある。この種は過酷な環境にうまく適応し、何千年ものあいだ生き延びてきた。なかには二千歳を優に超えているものもある。アフリカーンス語（南アフリカ共和国の公用語の一つ）の名称は「tweeblaarkanniedood（トゥイーブラールカニードート）」だが、まさしく《けっして死ぬことのない二枚の葉》を意味する。イギリスの植物学者ジョセフ・D・フッカー（一八一七〜一九一一年）はこの植物を、「これまでにこの国に運ばれてきたもっとも常識はずれのもっとも醜い植物」と記しているが、過酷な地域で生きていけるのは、長いあいだ信じられていたように長い根のおかげではなく、むしろ多孔性の長い葉がもつ特殊な能力のおかげだ。この葉は、気温の急激な変化のせいで海霧の水蒸気が凝結してできた水滴を吸収する能力をそなえているのだ。

いわゆる《霧の甲虫》――ナミブ砂漠特有のゴミムシダマシ科の昆虫――も、空気中の水蒸気を集めるために同じような仕組みを進化させた。たとえばステノカラ・グラキリペス（*Stenocara gracilipes*）は、海から吹いてくる風に向かって四十五度の角度に体を傾け、表面が親水性部分と疎水性部分で交互に覆われた羽を使って湿気を捕まえる。霧にふくまれている水分が親水性をもつ羽の部分に溜まり、昆虫の口に直接転がりこむほどの大きな水滴が形成される。この仕組みを人工的にまねて、空気中から水分をとりだせる特殊な繊維も製造されている。

クモの巣のような脆(もろ)い構造物でも、空気から水分を集めることができる。人間もまた、乾燥した地域で水を得るためにこうした技術を活用してきた。建築家ピエトロ・ラウレアーノは、この伝統的な技術の研究のために人生のほぼすべてを捧げた。彼の研究によって、《太陽の墓》と呼ばれるタイプの青銅器時代の古墳に、この技術が使われていることが明らかになった。《太陽の墓》は二重の円で構成され、一本の通路で中央の地下室につながっている。この構造は、礼拝の場所としてだけでなく、水分の運搬装置としても利用された。石だけでつくられた同様の構造物はイタリアのプッリャやシチリアの乾燥帯にも見られる。湿った空気が室内に入り、温度の下がっている石のあいだ（内部は日光にさらされておらず、地下室のため気温は低い）を通ると、空気の温度も下がり、凝結しやすく、水滴が地下空洞の底に集まる。夜間はこのプロセスが逆になり、石の外側表面に水滴ができる。これまで忘れられていたこの技術は、何世紀ものあいだ地中海の多くの地域に暮らす人々に水を供給し、おかげでサハラのような過酷な地域でも人間が生き延びられるようになった。現在、ラウレアーノのような研究者のおかげでこうした技術がよみがえり、時代の重要なキーテクノロジーとしてふたたび活用されはじめている。

オオガタホウケンのようなサボテン科の植物が、水分を凝結させる方法がわかれば、こうした植物にそなわった重要な特徴を模倣でき、技術的にさらに進化した効率のよいシステムを設計できる。たとえば、カタールの農林省の役所が入る予定の高層ビルは、サボテン科ならでは

空気中の水蒸気が凝結し、タンポポの種子の繊維によって集められた微小な水滴。

の環境適応力にヒントを得て設計された（この国の年間の平均降水量は七〇ミリメートルだ）。サボテンのような柱状の形態から建物内の通気孔の開閉装置にいたるまで、あらゆる構造が乾燥地帯で育つこの植物から学んだ知恵によるものだ。

ほかにも、水分を集めて凝結させるシステムを暮らしに役立てた例として、《ワルカ・ウォーター》があげられる。これは、建築家アルトゥーロ・ヴィットリがデザインした実験的な構造物だ。植物から直接ヒントを得ていることは名前からもわかる。ワルカ（warka）は、エチオピア特有の巨大なイチジクの木（学名*Ficus vasta*）の通称だが、残念ながら、この樹木はますます希少なものになっている。ワルカは果樹としても、共同体の集

アルトゥーロ・ヴィットリが設計した《ワルカ・ウォーター》。空気中の水分を凝結させて水をつくりだすことができる建造物だ。

会所としても（大きいため）重宝され、地域の生態系と文化にとって重要な役割を果たしている。《ワルカ・ウォーター》の形態は、この木をまねていて（デザインはじつにすばらしく、二〇一六年のワールドデザイン・インパクト賞を受賞した）、効率よく凝結をうながすために考案された特製の網を使って、エチオピアのような乾燥した地域の空気から一日に一〇〇リットルもの水をつくりだすことができる。低コストで、効率よく、建設も使用も簡単で、環境にやさしい、美しい建築物だ。このような特徴をあわせもつ《ワルカ・ウォーター》は、まさに植物からのインスピレーションを具体化することで、人類の未来のあり方とテクノロジーに革命を起こしうる完璧な例ではないだろうか。

森の木々を再現した荘厳な寺院や神殿の柱や、アカンサス（ハアザミ）の葉の模様を彫刻した繊細で優美なコリント式の柱頭（共和政ローマ期の建築家ウィトルウィウスによれば、伝説のカリマコス〔ヘレニズム時代の詩人〕が考案したとされている）は、植物がはるか昔から建築家に与えてきた解決策――むしろ、インスピレーションといったほうがいいだろう――の無数の例のほんの一部にすぎない。エジプト人がパピルスの茎を模倣してルクソール神殿の柱を建造したときから数千年の時が過ぎたが、今日もなお、植物は建築の世界にヒントをもたらしている。私は、それがこれから先もずっと続いてほしいと願っている。自然の形を模してつくるものは、まず不格好にはならないだろうから。

第 8 章

環境適応能力

～宇宙の植物

EGGIE
Production System
Light

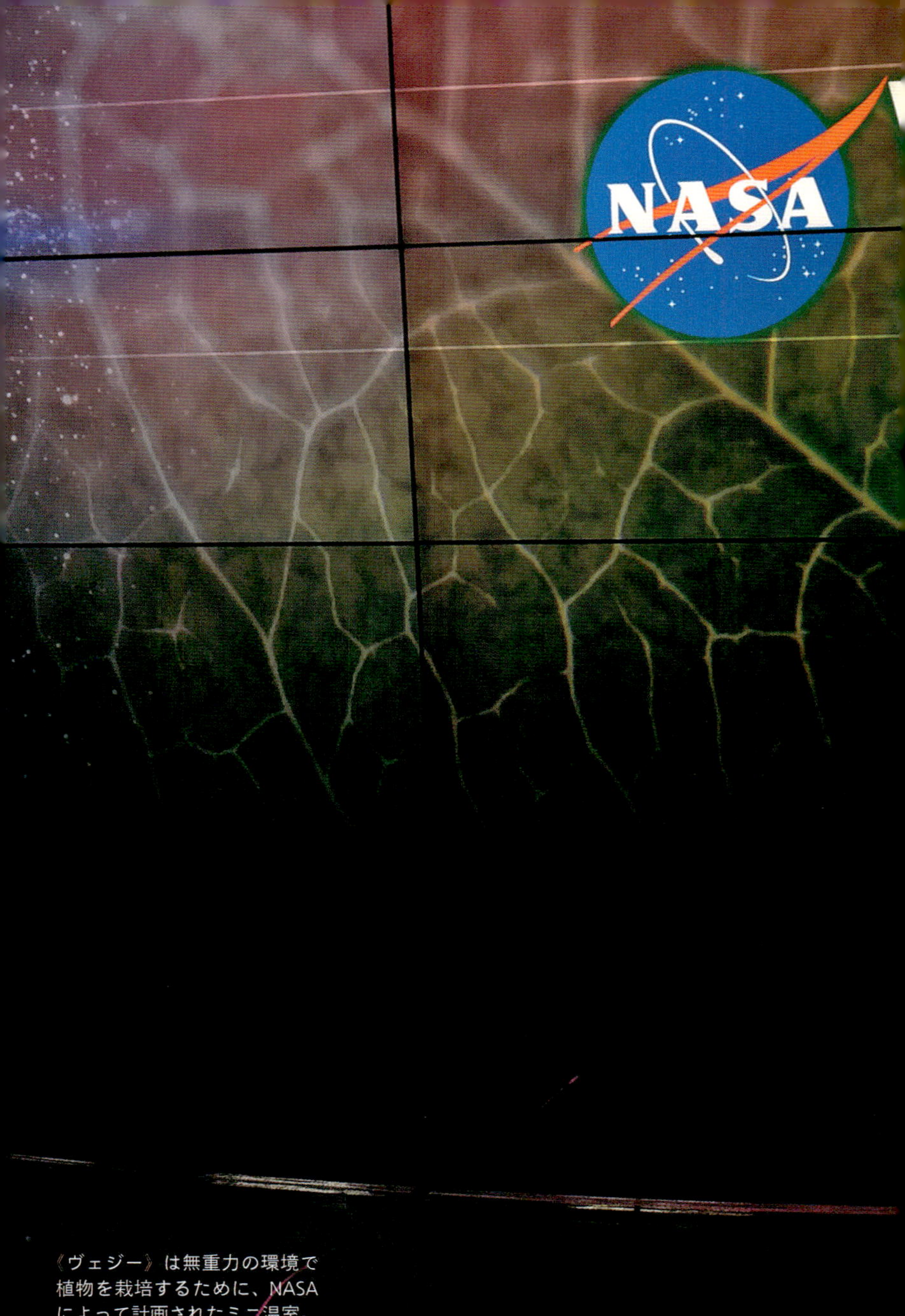

《ヴェジー》は無重力の環境で
植物を栽培するために、NASA
によって計画されたミニ温室。

恐竜が絶滅したのは宇宙計画をもたなかったからだ。われわれが絶滅するとすれば、ほんとうにわれわれの役に立つ宇宙計画をもたないからだ。

（ラリー・ニーヴン〔アメリカのSF作家〕）

草の葉は地球ではありふれたものだが、火星では奇跡になるだろう。火星で生まれた私たちの子孫は、緑に覆われた土地に限りない価値があることを知るだろう。

（カール・セーガン『惑星へ』上・下、森暁雄監訳、岡明人ほか訳、朝日新聞社、1996年）

宇宙旅行の道連れ

「はじめて火星に立つ男（もしくは女）はすでに生まれている」。数年まえから世界じゅうの宇宙機関では、この言葉がマントラのようにくり返し唱えられている。

宇宙探査の未来についての議論やインタビューや講演では、現在生きている人間のなかに火星に降り立つ〝アームストロング船長〟がいるのは当然のこととして語られている（それがほんとうかどうかは私にはわからない）。また、火星に人間を派遣するために解決できない技術的問題は、もはや存在しないという議論も、宇宙探査に興味をもつ人々にとっては常識となっている。だいぶまえから、この記念すべき大事業の準備はすでに整っていると考えられているのだ。

ところが、かれこれ四十年以上も、人類はもはや月にさえ行っていない。アメリカの宇宙飛行士ユージン・サーナン（最近亡くなった）は、一九七二年十二月十四日、三日まえに月面着陸した着陸船《チャレンジャー》に乗って、三八万キロメートル（月から地球までの平均距離）離れた地球へと帰還した。サーナンはわれらが愛する衛星である月を訪れた最後の人だ。時とともに彼は、一九六九年七月二十一日に、史上はじめて月に降り立ったニール・アームストロングと同じくらい有名になりつつある。

地球と火星の距離は、もっとも接近する場合でも（地球と火星は二十六か月ごとにもっとも接近し、そのとき二つの惑星は「衝（しょう）」（地球からみてその天体が太陽と正反対の位置にある状態）の位置にある）五五〇〇万キロメートルもあり、この距離に比べれば、月は私たちのすぐ近く、まるで目のまえにあるようなものだ。おそらく太陽系の征服を足踏みさせているのは、技術的問題よりも、この分野における研究で何を優先させるかについて意見が対立していることや経済的な問題だろう。ともあれ、確かなことが一つある。宇宙に進出する人類の次の目的地としてどこが選ばれようが――近かろうが遠かろうが――植物なしでそこにたどり着くことはできないということだ。私たちが消費する食物も酸素も、植物によって生産される。植物なしでは人間の生命は存在しえない。つまり、地球外のどこかに行きたいのなら、地球の軌道からわずか数千キロしか離れていない場所であれ、充分な量の植物を連れていくことが不可欠なのだ！

リドリー・スコット監督の二〇一五年の映画『オデッセイ』を観た方ならおわかりだろう。この映画の主人公は、マット・デイモン演じる植物学者で、宇宙飛行士でもあるマーク・ワトニー。創造力豊かなワトニーは、同僚たちからは死んだと思われながらも、火星の大地でジャガイモを栽培して生き延びる。ワトニーが生き残ることができた理由のいくつかは明らかだが（食物と酸素など）、それ以外にも、はっきりとは描かれていないものの、長期の宇宙ミッションの成功のカギを握る重要な理由が隠されている。その一つは、疑いの余地なく、植物が人間の心理的バランスに与える肯定的な効果だ。

実際、長期の宇宙旅行に乗り出すまえに解決すべき問題はたくさんあるが、乗組員に関するものはもっとも重要だ。現在の知見によれば、火星に到着するまでには六、七か月から約一年という長い時間がかかる（どれだけの宇宙船燃料をもっていけるかなどにもよるが）。また、地球に帰還するためにも同じ時間がかかり、地球と火星の軌道がふたたび適切なポイントに位置するのを待って、何か月かは（おそらく一年以上）火星の上で過ごさなければならないだろう。ざっと計算してみても二年から三年かかる旅になる。さて、ここで想像してみよう。機器やら何やらがあちこちに突き出したわずか数平方メートルの狭い箱のなかに閉じこもらなければならず、自由に動ける空間はほとんどなく、プライバシーなどまったく守られない。おまけに無重力か低重力。それが三年間続くのだ。どれほどの悪夢か、想像できるだろうか？

火星の旅を地球上でシミュレーションする実験では、数か月間の実験のあと、クルーたちの精神状態が悪化した。数千人のなかから選ばれた、強靭な神経の持ち主ばかりだったにもかかわらず、だ。このシミュレーションは、本当の宇宙ミッションとそれほどちがわない設定だ。

ようするに、人的要因は越えるのが非常に難しいのだ。技術的な準備が必要なだけでなく、数か月の共同生活後に自殺しないでいられるクルーを選抜することが重要となる。どれほど望ましい宇宙飛行士が選ばれようとも、任務を成し遂げられなければ意味がない。この問題には、数年まえから専門家チームが取り組んでいる。さて、もっとも確実だと思われる解決策の一つはなんだろうか？　それは、植物、つまりクルーにとってよいと思われる生物を宇宙ミッションに連れていくことなのだ。

植物の存在が、人間の精神に肯定的に作用することは数十年まえから知られている。世界じゅうに見られる園芸療法センターでは、精神障害に苦しむ人たちが植物との関係を通して回復に向かっている。また、ＡＤＤ（注意欠陥障害）の症状をもつ就学年齢の子どもは、植物のそばでなら、長時間、学習に集中できるとわかった。十年まえ、私が主任を務めているＬＩＮＶ（フィレンツェ大学付属国際植物ニューロバイオロジー研究所）でもこのテーマの研究結果が発表された。当時、私たちは小学二年生と四年生の多数の児童（七歳と九歳）に注意力テストを受けてもらった。テストを行なう場所を、そばに植物がある場所とない場所に分けた。つまり、窓から緑がまったく見えない教室と樹木がある庭でテストを行なったのだ。まちがいなく教室のほうが集中しやすい環境のように思える（気が散るものがない、物音がしないなど）にもかかわらず、植物がある庭のほうがはるかによい結果が得られた。

宇宙に話を戻そう。二〇一四年、ＩＳＳ（地球を周回している国際宇宙ステーション）内で、《ヴェジー》と呼ばれるミニ温室の植物栽培実験がはじまった。《ヴェジー》ではまずレタスが栽培され、さらに二〇一六年一月には無重力環境で育った美しい花《ヒャクニチソウ》がはじめて開花した。ＮＡＳＡの《先進的生命維持活動》責任者のレイモンド・ホイーラーは、こうした実験が宇宙飛行士の気分に好ましい影響を与えたと考えている。その結果、宇宙で《生物再生・生命維持システム》(bioregenerative life support systems：ＢＬＳＳ）と呼ばれるモジュールを製造するための研究が熱を帯びた。このシステムは、地球の生態系に見られる微生物、動物、植物の相互関係を模倣してつくられた人工の生態系で、各カテゴリーの不要物がべつのカテゴリーの資源になる。このシステムで、植物はとても重要な役割を果たし、光合成プロセスによる酸素の製造や二酸化炭素の除去、蒸散作用による水の浄化を担っている。もちろん新鮮な食べ物の生産はいうまでもない。

宇宙での植物栽培は、宇宙開発を続けるための必要条件だ。宇宙探検はつねに人類にとって未来へと続く道だが、それが農業のような昔からの活動と分かちがたく結びついていると思うと感慨深い。しかし、こうした考えは、宇宙関連機関を自宅の離れくらいに思ってきた技術者や物理学者にとっては耳障りにちがいない。数十年ものあいだ、宇宙機関のスタッフのなかに植物学者――農学者ではない――がいることなどありえなかった。ところが、二十年ほどまえから変わってきた。頑固きわまりない宇宙開発機関の上層部も、そばに植物を置くことと宇宙開発を実現することは、互いに切っても切れない重要な関係にあると認めざるをえなくなった

フィレンツェ大学の研究室。ここで筆者は同僚とともに、本書に登場する数々の研究を行なっている。

のだ。

世紀の放物線飛行実験

さて、植物にとって——どの生物にとってもそうだが——宇宙空間と地球上の環境のちがいは、手っ取り早くいえば、重力が異なる点（通常、宇宙空間では重力が小さくなる）と、宇宙線（宇宙空間を高エネルギーで飛び交っているきわめて小さな粒子のこと）の影響がより大きいという点だ。無重力状態の宇宙で育った植物は、ときに染色体異常やバイオリズムの変化を起こすことがあるが、それでも通常は環境に適応できる。一般的に低重力は、地球上の重力よりも大きな重力（過重力）と同じように、植物にとって大きなストレスの源となる。しかも、乾燥、極端な暑さや寒さ、塩分、アノキシア（酸素の欠乏）など、植物が進化の歴史のなかで出合ってきた多くのストレス要因とは異なり、無重力は地上で生まれたあらゆる生物にとって未知の体験だ。重力は、地球上ではあらゆるものが、九・八一m/s²（１Ｇ）の平均重力加速度を受けているのだから。重力は、地球上に存在するすべての生物学的現象に（物理的、化学的現象にも）影響を及ぼす基本的な力だ。生物の生理、代謝、構造、コミュニケーションの方法や形態も、たしかに存在するこの力によってつくりあげられている。

重力は基本的な力なので、つねに存在している。たとえ、ごくわずかしかないように思える場合でもだ。したがって、無重力という概念はあくまで理論的なものにすぎない。これまで何度も無重力という言葉を使ってきたが、じつをいえば、完全な無重力ではなく、微小重力というほうが正確だ。地上で無重力の影響を実験するのに充分なほどの微小な重力（10^{-2}から10^{-6}Ｇ）を短時間でつくりだすには、さまざまな方法がある。植物に対する重力変化の影響を研究するため、ＥＳＡ（欧州宇宙機関）にはＩＳＳ以外にも、パラボリックフライト（放物線飛行のこと。それによって微小重力状態がつくりだされる）、ブレーメンにある《ドロップ・タワー》、スウェーデンのエスレンジ宇宙センターから打ち上げられる《サウンディングロケット》（弾道ロケット）、オランダのノールトヴェイクにある超大型遠心機などのシステムがそなえられている。

《ドロップ・タワー》は、ブレーメン大学が建造した一四六メートルの塔だが、その内部で継続時間五秒の自由落下（ほぼ無重力状態になる）の実験を行なうことができる。《サウンディング

オランダ、ノールトヴェイクのＥＳＡ（欧州宇宙機関）センターの超大型遠心機は、重力を増大させる過重力実験を行なうことができる。

ロケット》は正真正銘のロケットで、その内部では最大四十五分間までの無重力状態の実験を行なうことができる。ノールトヴェイクのＥＳＡの超大型遠心機はまさしく超巨大な装置で、重量が数百キログラムの物体の実験も可能だ。この装置を使えば、木星のような大質量の惑星の重力２・５Ｇや、宇宙旅行の加速飛行のあいだに植物が受けるとされる、地球上の重力を超えるさまざまな重力の影響をシミュレートすることができる。

数年間、私の研究所では、重力の変化が植物の生理に及ぼす影響を研究するために、こうした設備を利用してきた。そして、無重力状態でのストレス信号の活性化に関わるおもな遺伝子群の解明のためのＬＩＮＶの実験は、名誉なことに、二〇一一年五月十六日のスペースシャトル《エンデバー》の最後の飛行

ブレーメン大学の《ドロップ・タワー》は、比類のない科学設備で、短時間、微小重力の影響を研究することができる。

で行なわれることになった。そこで得られた実験結果から、重力加速度の変化が（すでに述べたように）植物に生理的なストレスをもたらすという仮説を導くことができた。さいわい、従来のストレスと同じく、重力の変化に耐えられるように植物を馴化させることもできるとわかった。

私は昔から宇宙研究が大好きだったし、科学技術も科学者も、そのまわりをうろつく奇人や夢想家の魅力的な世界も大好きだった。二〇〇四年にＥＳＡは放物線飛行プロジェクトを行ない、私たちが提案した実験も受け入れられ、いっしょに参加できることになった。このとき、頭に最初に浮かんだ考えは、「私は今、世界でもっとも排他的なクラブ、無重力の実験を行なってきたごく少数の選ばれし者たちのクラブの一員になろうとしている」というものだった。ＳＦ小説を世界記録並みのペースでむさぼり読んでいた少年時代からずっと、無重力実験への参加は、私が夢見てきたものだったのだ。

放物線飛行に参加するには、メディカルチェックや手続きのために、それはそれは長い時間がかかり、たいへんな忍耐が必要だった。さまざまな証明書、申請書、許可証、医者の診察、テスト……。だが、それだけ苦労する価値はあった。私は、はじめて参加した無重力プロジェクトのあらゆる瞬間を覚えている（その後、さらに六回のプロジェクトに参加することになった）。ＥＳＡが放物線飛行プロジェクトのために使用した機体は、改造機エアバスＡ３００-ゼロＧだ。フランスのボルドー・メリニャック空港から飛び立つこの飛行機に、私は搭乗した。

飛行の前週、イタリアとドイツの混成チームは、私たちが計画した実験に必要な装置や備品を機内に運び入れた。実験のテーマは、無重力状態に置かれたトウモロコシの根の細胞から最初に発せられる信号の分析だ。

この実験はかなり複雑なものだった。無重力状態に置かれた瞬間に、大きさが一ミリにも満たない根端の特定部位（くわしくいえば、精巧な感覚器官）から発せられると予測される微弱な電気信号を測定しなければならない。わからないことだらけだった。飛行機の振動が、きわめて繊細な測定にどのような影響を及ぼすのか、まったく予想がつかない。飛行のあいだ、植物が、重力変化に対してスムーズに反応できるだけの健康状態を維持できるのかどうかもわからなかった。私たちがどのような状況に直面することになるのかも不明だったし、実験中に植物を取り替えることができるのかどうかもわからなかった。ようするに、この未知の実験条件下で作業を行なう準備はまったくできていなかった。これまで準備してきたことがすべて水の泡になったらどうしよう、そればかりが不安だった……。

不安はたくさんあったが、飛行の前週に親しくなった参加者全員がとくに心配していた問題は、たいしたことには思えなかった。どんな問題かおわかりだろうか？　放物線飛行は、親しみをこめて《嘔吐彗星（ヴォミット・コメット）》と呼ばれるほど、参加者の胃にダメージを及ぼすことで知られていた。でも私はあまり心配していなかった。これまで一度も船酔いをしたこともなかったし、最初の宇宙飛行の楽しい経験や実験を邪魔するのは、つまらない胃の問題などではないはずだと思っていた。今思えば、まったく無邪気なものだった。

実験がうまくいかないのではという不安に駆られて眠れない夜を過ごした翌日、ついに、運命の日がやってきた。飛行参加者に与えられる、待ちに待ったＥＳＡの青いつなぎも配布された。それを着ると、本物の宇宙飛行士になったような気がした。サイズが少しばかり大きいこともまったく気にならなかった。作業着には必要なものすべてがそなえられていた。宇宙機関の鮮やかな青色のワッペンもついていて、《放物線飛行プロジェクト》と記されていた。完璧だ！　作業着のたくさんのポケットには、気分が悪くなったとき用の小さな袋があらかじめ入れられていた。その数の多さを見ても、私は軽い笑みを浮かべただけだった。

この放物線飛行プロジェクトには三日間の飛行が予定されていた。初回の飛行で、私は装置の機能を確認する予定だった。あまり期待はできないが、もし、すべての装置がきちんと機能していたなら、いくつかの実験を行なうことができる。いよいよ飛行機は離陸し、すぐに大西洋上に出た。そこで連続三十回の放物線飛行を行なうことになる。一回の放物線飛行で約二十秒間の無重力状態が続く。

放物線飛行は毎回、上昇フェイズからはじまる。そのフェイズでは、飛行機が約三十秒間、かなりのスピードを出し、約四十五度の角度で上昇する。その際、機内には約２Ｇの加速度がかかる（重さが二倍になるようなものだ）。加速の最高潮でパイロットはエンジンへの燃料供給を止め、いわゆる弾道飛行をはじめる。飛行機は空中に発射された弾丸となり、重量を失いはじめる。二倍の重力から無重力への変化はあっという間だ。「え……え、いったいどんな魔法が起きているんだ⁉」などという暇さえない。体が床から離れ、宙を漂いはじめる。上下の意味がなくなり、あらゆる動きが不自然になる。

　無重力を水に浮くことにたとえる人もいれば、断崖からの落下にたとえる人もいる。だが、言葉では表せない感覚だ。生物が生きているうちに経験するどんなものにも似ていない。あまりに新しい感覚なので、はじめて無重力を体験した者はだいたい、当日の夜からその体験をくり返し夢に見るという。脳がこの異常な感覚を過去の経験の図式のなかに整理しようとがんばるのだ。

　じつをいえば、私には非常に心地よい経験だった。なにしろ重さがない！　宙に浮いて、飛行機の天井を歩き、体をずっと回転させられる！　すごい！　何ごともはじめての経験は印象深いものだが、放物線飛行に参加したら、その経験はけっして忘れられないだろう。その後、パイロットはふたたびエンジンに燃料を供給し、私たちは空中浮遊を終えて、現実に戻った。

　実験がきちんと進んでいたことも大きな驚きだった。私は最初の放物線飛行からずっと、重さがない状態をただ楽しんでいただけだったのに、コンピューターは、予想どおりの部位（根の成長点と伸長領域の境界領域）で発生した植物の重要な活動電位（私たちの脳のニューロン内を流れているのと同じ電気信号）の記録をきちんととりはじめていた。

　発生した活動電位は、根端近くの場所に伝達された。そのときは気づいていなかったが、測

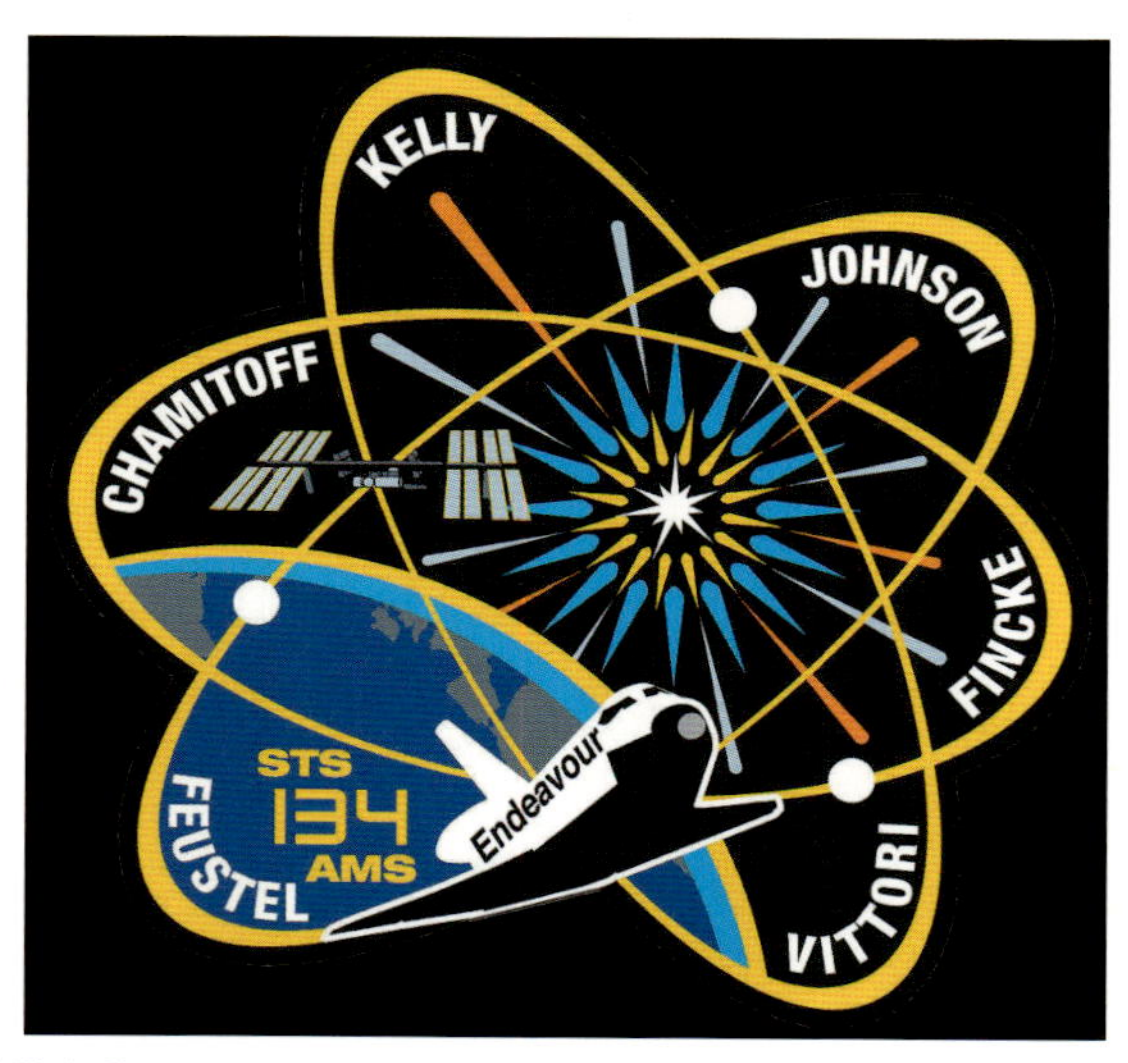

LINVの実験を受け入れてくれたスペースシャトル《エンデバー》最後のミッションのワッペン。

定された信号は、植物が無重力への反応として発する最速の信号だった！　微小重力の開始後わずか一秒半で、根で活動電位がつくられ、隣接した領域へと伝達されていた。すばらしい結果だ。これまで最速で発せられた信号として報告されていたのは、微小重力の開始後約十分で生じるpHの変化だったのだ。

ここでもまた植物は、想像以上の優れた感覚能力があることを示してくれた。根が重力の変化に対して非常にすばやい反応をとるとわかり、新しい展望が開けた。植物はさらに続く数々の生理反応を通して、地上とは異なる重力状態に適応していくと考えられる。われわれは、そうしたプロセスの最初の反応を見つけたのかもしれない。宇宙生物学の研究に取り組むほかのたくさんの科学者による発見と同じく、近い将来、これは適応の名人である植物が、無重力にどのように適応するかを理解するための最初の一歩となるだろう。

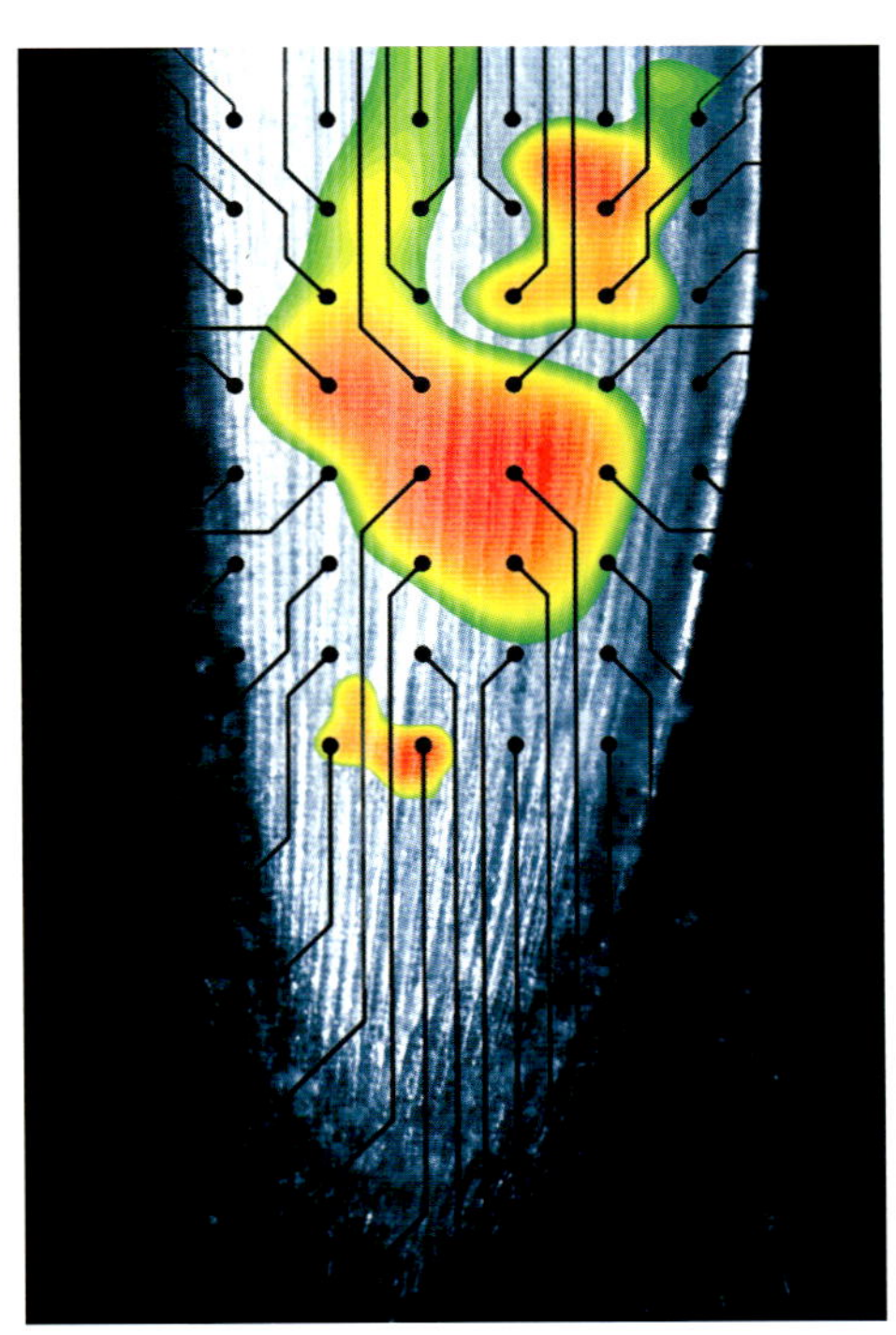

細胞から自発的に生じる活動電位を測定するために、微小電極の基板の上に置かれたトウモロコシの根端。

放物線飛行が行なわれるたびに、植物が規則的に信号を発するのは驚きだった。純粋に幸福を感じた瞬間だ。その日の飛行で、私は人生ではじめて重力から解放されて宙に浮いたと同時に、これまででもっとも速く植物が重力の減少に対して発生した信号を記録できたのだ。すべての科学者が夢見る瞬間だった。しかし、そんな幸せもつかの間だった。幸せというものは、物質の安定状態とちがって長続きしない。その日、二十回ほど放物線飛行をくり返したとき、問題が発生した。そして、その完璧な日は、あっという間に悪夢へと変貌した。

無重力は、けっして純粋無垢な状態ではない。そこでは、きれいなものも汚いものも、あらゆる物体が重さの奴隷状態から解放されて宙を漂う。最初の放物線飛行で微小重力がはじまると、機内には、たくさんの科学者があちこちを飛び回るという、シャガール風の光景が広がった。だが、それはまったく場ちがいな物体の出現によってぶち壊された。まさか飛ぶとは予想もしていなかった物体だ。ドライバー（浮かんでいる人の目に刺さりかねないので、きわめて危険だ）、ネジ、グラス、靴下、使ったあとの丸めたティッシュ、空のアルミ缶、フランスの研究者が前日になくしたイヤリング、それから削りくず。削りくずは無数に飛んできた。鉄、アルミニウム、鋼鉄、真鍮など、ありとあらゆる物体の削りくずだ。実験の準備が生んだやっかいな残骸だった。

こうした状況に、私はまったく対策を講じていなかった。経験豊富なグループは、金属くずによって被害を受けるものをすべて、あらかじめ網目の細かいネットで防護していた。ところが、私は何もしていなかった。そのため、小さな金属の切れ端が実験の記録をとっていたコンピューターの内部にやすやすと入りこみ、爆発させてしまったのだ。無重力状態で爆発が起こったらどんな事態になるのか、私はまったく知らなかった。そのときは、ともかく爆音がして炎が上がり、電気機器が燃え、吐き気を催す悪臭が広がった。こうした状況は、同乗者たちの脆（もう）い神経――くり返される放物線飛行によってすでに強い興奮状態にあった――には少しばかり過激で、浅はかな行動へと駆りたてた。そもそも無重力状態で逃げるのは簡単ではない。本能は「走って逃げろ」と叫んでいる。なのにできることといえば、手足をばたばたさせながらくるくる回ったり、だれかに激しい平手打ちを食らわせたり、空中でだれかと衝突して行きたい方向とはちがう方向に飛んでいったりすることだけだ。その結果、仲間との関係が取り返しのつかないほど損なわれる。

さまざまな言語で罵倒し合う段階が終わり、この〝爆発実験〟が私の仕業であり、良識的に考えれば全責任が私にあることがはっきりすると、私はこの大混乱を引き起こした犯人、スケープゴート、非難されるべき唯一の人物となった。同乗者たちの軽蔑のまなざしにさらされていると、頭にアイザック・アシモフの小説のタイトルが浮かんできた。青春時代に愛読して

ESA が企画した放物線飛行ではじめて無重力状態を体験した筆者。

いた『天ののけ者』〔邦題は『宇宙の小石』〕だ。このタイトルは、そのときの私の状況にぴったりだった。火は消され、それまでに得られた実験データは無事だったが、私はのけ者らしく慎ましやかにほかの同乗者からできるだけ離れ、機内の隅でおとなしくしていた。これ以上状況が悪くなることはないと思った。しかし、それはまちがっていた。

数十年間、船酔いに苦しむこともなく、私と胃は穏やかな共同生活を送ってきたのに、胃が《今こそわが存在をアピールするときだ》と考えたのだ。あとになってから、何がよくなかったのかを何度も分析してみたが、それは、ナポレオンにとってのワーテルローのようなものだったのだろう。つまり、フランスの皇帝が敗北に追いやられるという悲劇は、さまざまな要因が組み合わさって起きた。私の場合も、たくさんの平凡な要因が組み合わさっていたようだ。同乗する医者の助言にしたがってとった、フランスの自然の恵みたっぷりの朝食が、いつもはコーヒーを飲むだけで、たまにビスケット二枚をつけるという朝食に慣れていた私の胃に負担だったのはまちがいない。加えて、コンピューターの爆発と火事がもたらした動揺、焦げたパーツから出た有害な煙の吸入、疲労、前夜の不眠、同乗者たちから向けられる軽蔑と哀れみの視線。そしてとくに、飛行機が放物線飛行をくり返しながら休みなく大西洋上を飛んでいること。まさに完璧な嵐だった。なんなら《ワーテルロー効果》と呼んでもかまわない。つい先ほどまで、エチケット袋を手放せない同乗者たちを余裕の笑みで眺めていた私が、今やその悲惨な運命を分かち合うことになったのだ。

こうして、忘れられないはじめての無重力体験は終わった。それから数日間は、予備のコンピューターと機器を覆うネットカバーを使って、すべての実験が完璧に進んだ。結局、放物線飛行の実験は科学的観点からは大成功を収めた。根は、これまで考えられていたよりもずっと速く重力に反応することがわかったからだ。放物線飛行によって二十秒間の微小重力状態となるが、それは、植物が微小重力への反応として発する一連の信号のうち、最初のものを研究するには十分な環境であることも証明できた。この飛行中に集められたデータによって、植物はきわめて敏感な反応を示し、放物線飛行のつくりだす状況にとくに適した実験対象であると科学界や宇宙機関を説得することもできた。

続く数年間、私は同じようなプロジェクトに参加し、さらに多くの実験結果を得ることができた。それでも、悲惨なトラブル、言葉で表せない感覚、自分の未熟さ、科学的な成果、今後の課題……そうしたさまざまな要素が詰まったはじめての飛行は、ほかの《はじめての経験》とともに、いつまでも記憶に残るだろう。科学者として驚きに満ちた人生を送ることも夢ではない、と気づかせてくれた出来事として。

第 9 章

資源の循環能力

～海を耕す

ネヴァダの光景。多数の山脈によって分けられ、州の大部分が準乾燥帯からなる。

大洋：人間のために作られた、世界のおよそ3分の2を占める大きな水の広がり――ただし、人間にはエラなるものがない。

（アンブローズ・ビアス『新編　悪魔の辞典』西川正身編訳、岩波文庫、1997年）

万物の根源は水である。水の流れは、さまざまなものの変化も説明する。この概念は、動物と植物は水分のあるものを摂取し、栄養物は水気が豊かであり、死体となったものは乾き干からびているという認知にもとづいている。

（タレス）

私の主よ、あなたは称えられますように、
姉妹である水のために。
水は、有益で謙遜、
貴く、純潔です。

（『アシジの聖フランチェスコの小品集』庄司篤訳、聖母の騎士社、1988年）

地球の水のわずか2％

二〇〇五年五月二十一日、アメリカの作家デヴィッド・フォスター・ウォレスは、ケニヨン大学の卒業式で次のようなスピーチをした。「二匹の若い魚が泳いでいると、反対方向から泳いでくる年上の魚とすれちがった。年上の魚は二匹に挨拶をした。『おはよう、若者たち。今日の水はどうだ？』。二匹の若い魚はさらに少し泳ぎつづけてから、一匹が連れのほうを向いていった。『水って、いったいなんだい？』」

今日、水の問題は、この話と大いに関係がある。西洋諸国のほとんどで、水は簡単に、しかも安価で手に入り、少なくとも私たちの目には無尽蔵に見えるため、水の本当の大切さは理解されていない。古典経済学でも、水の価値はおおよそ同じような言葉で表されてきた。たとえばデヴィッド・リカードは、『経済学および課税の原理』（一八一七年）で次のように書いている。「需要と供給の一般原理にもとづけば、空気と水の使用、もしくは無限に存在する自然のほかの贈り物の使用には、代価として何も与えなくてよい。ビール製造業者、蒸留酒製造者、染物業者は、商品を製造するために空気と水をたえず使用するが、空気と水には値段がない。なぜなら、その在庫は無限だからだ」

近年、需要の増大による淡水不足が、人間社会の持続可能な発展を脅かしはじめている。世界経済フォーラムは、グローバルリスクに関する最新の年次報告書で、最重要の脅威として淡水不足をあげている。異常乾燥が長く続くことによる最初の影響は、残念ながらすでに見られ、大きな悲劇をもたらした。カリフォルニア大学の研究報告では、二〇〇六年冬からの三年間、シリアと《肥沃な三日月地帯》（約一万二千年まえに農業が誕生した）の大部分を断続的に襲った恐ろしい旱魃（かんばつ）は、シリア内戦勃発の原因の一つだったという。報告書では、説得力のある証拠があげられている。長期に及ぶ旱魃は、日常的な淡水不足のせいで収穫量が落ちていた農業地帯に致命的な打撃を与えた。そのため、百五十万人以上が農業地帯から大都市周辺地域へ移住せざるをえなくなり、その結果、悲劇的な結果がもたらされたのだ。

地球に存在する水の九七％は海水で、飲料水、農業用水、工業用水には使えない。つまり、人間が使用する水は、残りの三％でまかなわれている。そのうちの一％は北極と南極の氷で使用できないため、実際にはわずか二％にすぎない。このわずかな水を、生活水準の向上ととも

絶え間なく起こる旱魃と気候変動による土壌の乾燥は、地球規模の緊急事態になっている。

に増えつづける世界人口のために使うことになる。工業製品と灌漑農業のために水の需要はますます増えている。もちろん、年間ベースで考えるなら、地球上には充分な淡水が存在することはまちがいない。だが、水の需要と供給には、時間と空間における大きなずれがある。そのせいで、特定の季節には世界の多くの地域が水不足に苦しむことになる。水不足の問題の本質は、需要と供給のあいだの地理的かつ時間的な不一致にある。

少なくとも二〇五〇年までは、世界人口は増えつづけるだろう。水資源の調達は、近い将来、ますます重要な課題となる。二〇五〇年、地球の人口は百億の大台に達するといわれている。それだけの数の人間が、個人的に消費するために、そして栄養摂取に必要な食物の生産のために淡水を必要とすることになる。

想像してみてほしい。今から二〇五〇年までに私たちは、今よりもさらに三十億増えた人々を養うだけの食物を生産できるようになっていなければならないのだ。三十億人といえば、一九六〇年時点の世界の総人口だ。いいかえれば、三十年後には新しい惑星まるまる一つ分の飢えを満たさなければならない。こうした見方からすれば、食料の問題は、完全に悲観するわけではないにしても、あまりにも大きく、あまりにも重い。実際、生産と消費のモデルを徹底的に変えないかぎり、人口の絶え間ない増加は、この惑星にとって対処できない問題になることはまちがいないだろう。

増えつづける食料需要を満たす

この問題は、農産物に関するいくつかのデータを見れば、ますます緊迫したものだとわかる。その筆頭にあげられるのは、ここ数年、世界じゅうで、とくに先進国で、農産物の生産量がかなり伸び悩んでいるというデータだ。これは大きな問題で、何が原因なのかさぐる必要がある。いうまでもなく食物の需要が増えれば、対策は二つしかない。生産性を上げることと（あるいは）農地を拡大することだ。ここ十年、世界的には生産量は増えつづけているにもかかわらず、先ほど述べたように、先進国では伸び悩んでいる。その原因の一つは、農業技術の発展した多くの地域では、栽培されている作物の生産性が、生物物理学的な限界値に近づいているというものだ（これは無数の研究で明らかにされている）。中国におけるコメ、イギリス、ドイツ、オランダにおけるコムギ、イタリアとフランスにおけるトウモロコシについては、まさにそのとおりといえるだろう。

もう一つの考えられる原因は、現在進行中の気候変動だ。二〇一六年のナヴィーン・ラマンカッティ（カナダのブリティッシュコロンビア大学で、世界食料安全保障と持続可能性を専門とする教授）による研究では、二十世紀後半の気候とそれに関係する災害が、地球全体にどれほどの損害を及ぼしたのかについて、はじめて調査が行なわれた。一九六四年から二〇〇七年のあいだに百七十七の国で発生した二千八百件の水害、気象災害、旱魃、異常気温を分析し、こうした現象により、同じ時期の穀類（人類の摂取カロリーの七〇%以上が穀物に由来する）の生産量が約一〇%減少したとわかった。

それだけではない。農業技術の発達した国々では、あまり発達していない国々に比べて、ほぼ二倍の生産量の減少が起きていた。オーストラリア、北アメリカ、ヨーロッパでは、旱魃が原因で生産量が平均一九・九%減少した。これは世界平均の二倍に当たる。この差は、先進国の工業化された画一的な農業に原因があると思われる。それはまた、耕作の多様性が失われると、どんな危険があるかを実証しているともいえる。北アメリカで生産されている穀物は、巨大な農地で栽培され、穀物の種類と栽培方法はまったく画一的だ。そのため、ある種が予期せぬ原因で被害を受けただけで、その農地の作物は全滅することになる。逆に、発展途上国の大半では、農地は何種類もの穀物が植えられた小さな畑の寄せ集めだ。そのため、いくつかの種類の作物が被害を受けたとしても、ほかの作物は無事でいられる。

気候変動のせいで、バランスを失った極端な事象が増えている。近い将来、こうした事象は回数も程度もさらに増すことが、あらゆるデータによって予測されている。そのため、今後数年間はますます作物の生産量が減少すると覚悟しておかなければならない。

そうなると、増えつづける食物の需要に対応するには、新しい土地を開墾するしかないように思える。しかし、それには問題がある。なぜか？　食用の植物を栽培するために、考えなしに森林を伐採するのは、もはや限界がきているからだ。森林を伐採すると、地球のバランスを支えている根本を破壊することになり、たとえ土地を得ることができたとしても、すぐにその土地の潜在的な生産力が減少し、短期間で完全に不毛の地になってしまう。つまり、この投資は元をとることができない。たとえ耕作地を拡大して生産量を一時的に上げても、伐採が気候に及ぼす（ひいては、農作物の生産量に及ぼす）被害のほうが深刻だ。森林伐採と広大な土地の農地化によって食料問題を解決しようとすると、どんな政策をとったとしても、地球全体に壊滅的な結果をもたらすことになるだろう。

おまけに、もともとは耕作可能なはずの土地の多くは、さまざまな理由で（多くは人間のしわざで）土質が悪化しているために農地として使えない。たとえば、塩分をふくんだ土壌では、

サボテン科は、淡水の入手がきわめて難しい乾燥帯で生き延びられるように進化した。

高濃度の塩分により農作物に塩害が起きるが、それがなければ完全に耕作可能な土壌だ。

じつは土壌の塩分はかなり重大な問題だが、あまり知られていない。世界じゅうの乾燥帯で耕作可能な五二億ヘクタールの土地のうち、三六億ヘクタールに塩分がふくまれている。世界の陸地面積のほぼ一〇％（九億五〇〇〇万ヘクタール）と灌漑面積の五〇％（二億三〇〇〇万ヘクタール）が塩分の問題を抱えている。世界の農業生産における塩による年間損失額は百二十億ドルを超え、その数字はなお増えつづけている。残念ながら、気候変動のせいで問題はさらに悪化している。たとえば海面水位が上昇すると、淡水をふくむ地層にまで塩水が浸透したり、海岸地域へ塩水が直接流入したりするため、塩害の範囲は確実に広がりつつあるのだ。

ようするに、すぐに耕作できる土壌はさほど多くないということだ。それどころか、めったにないため、大勢の人たちがそうした土地を手に入れたいと考えている。自国の食料確保に懸念を抱いている政府が、耕作可能な土地を買い占めたがるのもそうした理由からだ。土地の買い占めは増えており、その規模が大きな不安を呼び起こしている。二〇〇〇年から一二年にかけて、少なくともスーダン、タンザニア、エチオピア、コンゴ民主共和国といったアフリカ諸国では、約八三〇〇万ヘクタール（世界の耕作可能な土地の二％以上にあたる面積）の土地開発の契約が結ばれている。アフリカ、南アメリカ、東南アジアの広い地域でも同様の状況で、近年、ヨーロッパの広い地域にもその傾向が広がりつつある。

食料安全保障は、二十一世紀の重大問題だ。増えつづける人口のために充分な食料を確保するにはどうすればいいのだろう？　生産性の高い土地と水資源が劇的に減少しているというのに、どうすれば食料を確保できるというのだろう？　地球環境にこれ以上の負担をかけることなしに、しかも、すでに起こっている気候問題を悪化させることなしに、この緊急事態を解決するには、農業生産についての考え方に革命を起こす必要がある。

海水で生きる

じつは、増えつづける食料の需要を満たすことができ、しかも環境問題に配慮した解決策が存在する。それは、人間の生産能力の一部を海の上に移動させることだ。ＳＦじみた提案のように思われるかもしれない。ところが、このアイデアをきちんと検討してみると、非現実的なことなど何一つないとわかる。地球の三分の二は水で覆われていて、そのうちの九七％は塩水だ。地球の外を開拓するよりも、海を人類の新しいフロンティアにするほうが、ずっと早い。私はそのことをまったく疑っていない。もちろん、そうするためには技術的な困難を乗り越え、塩分に対してより大きな耐性をもつ植物をはじめ、食料として利用できる植物の種類を増やさなければならない。しかし、それはさほど難しい問題ではなく、私たちがもっている解決能力で充分に対処できるはずだ。

高濃度の塩分に適応した農業なら、高塩濃度の土地でも耕作できるかもしれない。しかし、通常の栽培植物は塩分に対して敏感だ。耐性をもつ種もわずかしかなく、それも海水が三〇％混ざった淡水が限度だ。この濃度を超えると植物にとって有害となり、生産量は極端に減少する。ここ数十年間、多くの研究者が、広く栽培されている植物の塩耐性を高めようと力を注いできた。だが残念ながら、成果はあまり上がっていない。

そこで近年、この分野で新しいアイデアを見つけるために、塩分が高濃度の地域でも成長できるように自ら問題を解決した植物の研究がはじまっている。その植物とは、いわゆる《塩生植物》だ。塩分のある場所（塩性砂漠、海岸地域、塩をふくんだ潟など）が原産地で、ほかのどんな植物種も枯れてしまうような土地でも、成長して繁殖できる。こうした植物の多くは人間も動

塩生植物は、海水だけを利用して成長することのできる、塩分に耐性をもつ植物。この植物の研究は、塩分への耐性について理解するための基礎となるだろう。

物も食べることができるため、栽培植物化して耕作に取り入れられれば、塩分をふくんだ水や海水を灌漑用に利用でき、海岸地域や高塩濃度の地域でも栽培できるようになるだろう。さらに、塩生植物はどうして塩分に耐性があるのか、その形態学的、生理学的、生化学的な要因について幅広く研究を行なえば、一般的な植物にも塩耐性をつけさせる方法が見つかるかもしれない。

塩生植物——または、ともかく塩分に高い耐性をもった植物——が海上に浮かぶ農場で栽培されているようすを思い描いてほしい。それができれば、場所や水の心配もなく、食料確保の問題から永久に解放されるだろう。

近年、人間の活動と気候変動が原因で塩分をふくんだ土地が増えつづけている。海水面の上昇は、以前は肥沃だった広い土地を塩性土壌にし、不毛の土地に変えてしまう。その面積は年々大きくなっている。

海上に浮かぶ温室で育つレタス

二年まえ、私は、デザイナーのイラリア・フェンディが所有するローマの農園《カサーリ・デル・ピーノ》で企画されたイベントで、クリスティアーナ・ファヴレットとアントニオ・ジラルディと知り合った。技術的なインスピレーションの源として、植物の世界に興味を抱いている若い建築家コンビだ。二人は仕事でも私生活でも協力し合い、ここ数年、植物をベースにしたコンセプトを建築の世界にとりいれることに力を注ぎ、独創的な成果を上げている。共通の関心や、二人が実現してきた夢想的でエキセントリックなプロジェクトの数々に惹かれて、私はこの若者たちに本能的な共感を抱き、お互いの経験や進行中のプロジェクトについて語り合った。

私はそのとき《ジェリーフィッシュ》のことを聞かされた。アントニオとクリスティアーナは、水上に浮かぶ温室というアイデアを育んでいるところだったのだ。この温室は塩水を淡水に変え、その水を温室内で植物用の水として使う。二人が描いた魅惑的なラフスケッチでは、温室は透明なドーム状で、その土台からは長い麻のロープ（塩水を吸い上げるのに必要）が何本か伸び、ロープはタコの足のように水に浸されていた。その形態はクラゲを思わせる。そこから、自然に《ジェリーフィッシュ》（「クラゲ」を意味する英語）と名づけられた。私はこのアイデアを魅力的に感じただけでなく、しばらくまえから考えていた「海上農園」というアイデアを実現するための第一歩になると思った。

私たちは、数多くの技術的な問題点を検討し、このアイデアをきちんと機能する現実的なプロトタイプとして形にできるかどうか、考えはじめた。議論を深め、もっとも効果的な協力方法を見つけるために、私は二人をフィレンツェのＬＩＮＶに招待した。数週間、どうやって《ジェリーフィッシュ》を未来の温室にするのか議論し、この海のミニ農場の必要条件を次々に付け加えていった。私たちがめざしたのは、土地をまったく必要とせず、淡水を一滴も消費せず、太陽エネルギー、そして風や波のようなクリーンエネルギーだけで野菜を育てられる自立的なシステムをつくりだすことだった。これらの条件が一つでも欠ければ、満足する結果は得られないだろう。私たちは、資源を消費することなく、食物を生産できる一種の奇跡をつくりだしたかったのだ。《ジェリーフィッシュ》は、地球の食料問題の解決に役立つはずだ。そのため、私たちは《ジェリーフィッシ》に《バージ》（「いかだ」を意味する英語）という言葉を付け加えることにした。《ジェリーフィッシュ・バージ》（略してＪＢ）は、最悪の状況でも食物をつくりだす救命ボートなのだ。

考えてみてほしい。資源を消費しない生産は、持続可能な生産のための《賢者の石》のようなものだ。手に入れるのがきわめて難しく、ほとんど不可能な挑戦でもある。最初のうちは、熱意の大きさと、立ち上げたプロジェクトチーム（アントニオとクリスティアーナ、さらに協力者として、エリーザ・アッザレッロ、エリーザ・マージ、カミッラ・パンドルフィが加わった）の絶え間ない作業にもかかわらず、達成できない条件がたくさん残ってしまった。いくつかはなんとかできたものの、すべてを同時に実現するのは無理だった。たとえば、淡水は使わなくても、そのために多くのエネルギーを費やさなければならず、エネルギーの消費を抑えれば、今度は水耕栽培（養液による植物の栽培）を行なえなくなる。時間が経てば経つほど、この夢のプロジェクトは実現不可能に思えてきた。そのうえ私たちは完璧なものをつくるために、さらなる制約を課したのだ。《ジェリーフィッシュ・バージ》のあらゆる資材は、完全に再利用可能、つまりリサイクルできなければならない、と。

続く数か月間は、多くの問題が解決不可能に思えた。何をやっても失望する結果に終わる。しばらくのあいだ、私たちはなんの結論も出せないまま、さまざまな問題点のまわりをぐるぐると回りつづけていた。身動きがとれなくなり、どうすればこの状態から抜け出せるのかわからなかった。しかし、このアイデアの原点にもう一度立ち返ってみようと決めたとたんに、状況は一変した。アイデアの原点とは、植物の世界にヒントを探すことだ。つまり、執拗に悩まされている技術的問題の解決策を、あらためて自然のなかに探してみようと考えたのだ。

アントニオとクリスティアーナは、《ジェリーフィッシュ・バージ》を植物の基本構造と対応するようにデザインしなおした。最初の一歩は、《ジェリーフィッシュ・バージ》をモジュール構造にすることだった。植物が、同一のモジュールのくり返しによって構成されてい

《ジェリーフィッシュ・バージ》のなかで成長するレタス。水に浮かぶ温室は淡水なしで野菜をつくれる。

るのと同じように、《ジェリーフィッシュ》も独力で（水に浮かぶ自立的な単体の温室として）機能できると同時に、全体としても機能するようにしようと考えたのだ。モジュール単体のベースの形は八角形とした。八角形は、空間をうまく管理するために完璧な幾何学的形態で、輸送や共同作業のために複数のモジュールを一つに結合しても、空間をむだにすることがない。

もっともやっかいな装置の設計、つまり、海水の淡水化システムについても、自然界と植物からインスピレーションをもらった。私たちは『アトランティコ手稿』のなかのレオナルド・ダ・ヴィンチの言葉を思い出した。水の循環について、次のように短く記述されている。「水は川から海へ、海から川へ向かうと結論づけられる」。こうして私たちは、自然界における水の循環が、効果的な塩分除去装置でもあるということに気づいたのだ。海から水が蒸発すると、水に溶けていた塩が海に残る。水蒸気が雲になり、凝結し、雨として地上に落ちてくるときには、海水は淡水になっている。太陽が引き起こす蒸発を通して、大量の水が日々淡水化されているのだ。植物も、葉からの水の蒸散を通してこの自然の循環に参加している。アマゾンのような森林は大量の蒸散を行なって、地球の気候に大きな影響を及ぼしているし、マングローブのようないくつかの樹木は、海水から直接、蒸散を行なうこともできる。

こうして私たちは、太陽が行なっている淡水化からヒントを得て、必要な淡水をつくりだす最適なシステムを考案した。驚くほど単純な仕組みだ。太陽の作用によって水が蒸発し、その後、気温の低い環境で凝結し、液体に変わる。そうこうするうちに、こうした淡水化プロセスは、第二次世界大戦中にアメリカの兵士たちが、絶望的な状況下で淡水を手に入れるために使っていたということがわかった。これはまた、淡水の水源がない無人島で、サバイバル生活を送るようすについて書かれた文学作品に登場する古典的な方法でもある。アメリカ軍は、熱帯地方の日光を利用して、一人の人間が生存するのに必要な水を海水から抽出する携帯用スペシャルキットまでつくっていた。私たちもこのキットを手に入れようと試みたが、うまくいかなかった。ともあれ、原理は非常にはっきりしていたので、太陽の熱を使った淡水化装置を短期間で設計することができた。この装置は、地中海地帯では一日に二〇〇リットルの淡水をつ

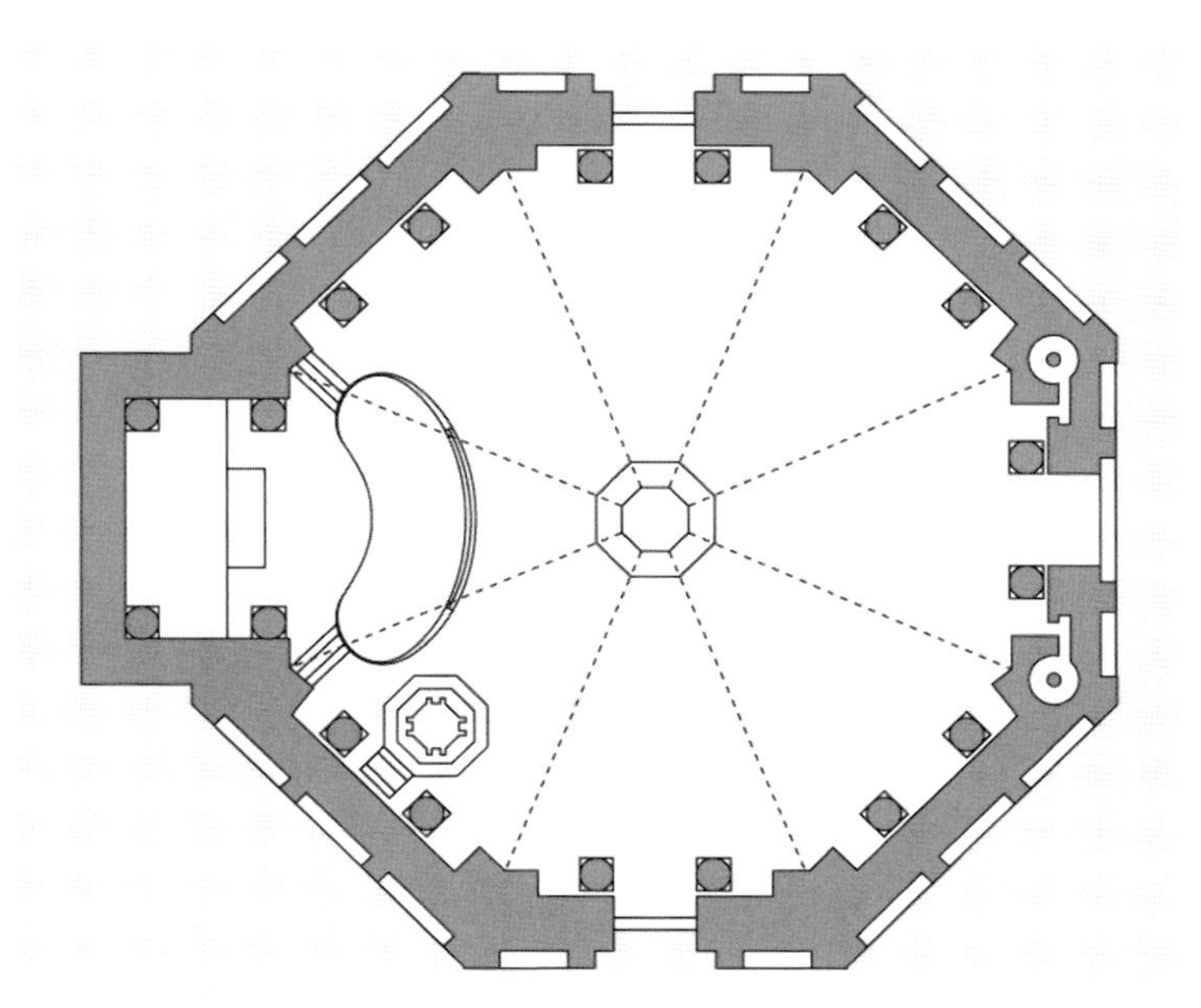

ロマネスク様式の建築物の八角形の図面。プッリャのモンテ城、フィレンツェのサン・ジョヴァンニ洗礼堂、ヴァージニアのトーマス・ジェファーソン邸は、八角形構造の有名な例だ。

くりだせる。温室で植物を育てる水耕栽培システムには充分すぎる量だ。
　淡水生産の問題が解決し、ようやく最初のプロトタイプを製作する準備が整った。次は、このプロジェクトに信頼を寄せてくれる支援者を見つけなければならない。だが、これは思っていたよりも簡単だった。《ジェリーフィッシュ・バージ》はだれにでも好まれたし、貴重な資源を使わずに食物を生産することの重要性はだれがどう見ても明らかだったからだ。実際、当初

《ジェリーフィッシュ・バージ》内の水耕栽培システムは、温室でつくられる淡水の生産効率を増加させる。

からこのプロジェクトを気に入っていたフィレンツェ貯蓄銀行財団がおもな支援者になってくれた。

こうして、最初のプロトタイプが完成した。すべてが滞りなく進行した。温室は水上に浮かび、水耕栽培システムはきちんと機能し、淡水化装置によって必要な量の水が抽出される。唯一の問題は水質だった。その水は、植物栽培用としては純粋すぎたのだ。実際、太陽による淡水化プロセスを経てできた水は蒸留水と変わらず、ミネラルをまったくふくんでいない。対策として、淡水化装置によってつくられた水に海水を一〇％混ぜてみた。この割合なら植物にダメージを与えることなく、海水にふくまれる無機塩類を加えられる。おまけに、利用可能な水

《ジェリーフィッシュ・バージ》の最初のプロトタイプは、骨組みがすべて木材でできていて、淡水も土も、太陽以外のエネルギーも使うことなく、野菜を生産できる。

の蓄えを増やすこともできる。《ジェリーフィッシュ・バージ》は見事に機能し、着々と植物を育てはじめた。水上に浮かぶ温室は一か月で約五百株のレタスを育てあげ、資源をまったく消費せずに野菜を栽培することがけっして夢物語ではないことを証明した。夢想的なアイデアが、ほんとうに実現したのだ。この温室で育つ植物は、持続可能な未来のために私たちができることを表している。

持続可能な未来のために、植物が教えてくれること

《ジェリーフィッシュ・バージ》は、二〇一五年のミラノ万博で展示された。大勢の人が、この温室が水に浮かんでいるのを見るために、ロンバルディア州ミラノ県の県庁所在地の元船着場を訪れた。世界の多くの都市でも展示され、数々の国際的な賞を受賞した。国連主催の大規模な展示会にも出品された。建築物としても賞を獲得したことからわかるように、《ジェリーフィッシュ・バージ》は見た目も美しい。それなのに、投資家は一部を除いて興味をもってくれない。資源をまったく消費することなく野菜を生産するという、一見奇跡とも思えることを成し遂げているにもかかわらず、商品としてそれほど価値があるとは思われないらしい。かつて私の同僚がいったように、「プロジェクトというものは、賞を受賞するか、それとも市場に上がるか、どちらか一つしか得られない」のだ。《ジェリーフィッシュ・バージ》には受賞だ

けが運命づけられていたようだ。

もちろん《ジェリーフィッシュ・バージ》に改良を加えて、効率と生産性をさらにアップさせることもできるが、大切なのはこの温室が確実に〝機能している〟という点だ。肥沃な土壌を必要とせず、淡水を必要とせず、太陽以外のエネルギーを必要とせずに食物を生産する――これほどすばらしいことがあるだろうか？　私は、このアイデアを研究室の外で大きく発展させたいという投資家が、列をなしてやってくると想像していた。チームのだれもがそれを期待していた。この冒険をはじめた当初、このアイデアに信頼を寄せてくれる支援者を簡単に見つけられたので、きちんと機能するプロトタイプが完成すれば、興味をもってくれる投資家はいくらでも見つかるだろうと思っていたのだ。それなのに、そんな投資家はほとんどいなかった。興味を示す者はいたが、長続きしないのだ。私たちに問題があるのだろうが、市場とうまくやっていくのはほんとうに難しい。市場とは閉じた世界であり、しばしば偏狭で、約束事にばかり縛られ、大半の研究者たちを怖がらせる要求だらけの世界なのだ。

私たちは、多くの時間をむだにした。すばらしいエレベーターピッチの準備も、優れたビジネスプランの準備もした。市場とやらの要求にすべて応えてみたが、さまざまな困難は乗り越えられないままだ。一つだけ例をあげよう。ビジネスプランでは、《ジェリーフィッシュ・バージ》でレタスを一株生産するには、通常の温室よりもたしかに費用がかかると示される。たしかにかかるが「非常に多く」かかるわけではなく、「少しだけ多く」かかる。当然だ。もし、ふつうの温室で栽培されたレタスの価格に、環境に配慮するためのコストと消費された資源のコストも加えれば、収支勘定は大きく変わり、《ジェリーフィッシュ・バージ》で生産されたレタスのほうに軍配が上がるだろう。それなのに、その点にはだれも関心をもとうとしない。人間が生きる環境（ある意味ではこの惑星全体）は無料だからだ。一八一七年のデヴィッド・リカードにとって水や空気がそうだったように。この二世紀のあいだ、結局のところ何も変わっていない。あらゆる資源の消費はたしかに無料で、ビジネスプランなしで行なわれる。市場にとって重要なのは、利益を増やせるシステムで、地球の資源を消費することなく人々を食べさせるシステムではない。それは偏執狂（フリーク）の関心事で、せいぜいでもフランシスコ教皇の関心事にすぎない。お金に冷徹な紳士の関心事では、けっしてないというわけだ。

それでも、私たちはくじけない。遅かれ早かれ、いつか食料生産のために海を耕すことが必要になるだろう。それは確かだ。読者のみなさんには、《ジェリーフィッシュ・バージ》がいつでも出番を待っていて、きちんとお役に立てるということを知っておいてほしい。

訳者あとがき

イギリスのＳＦ作家ジョン・ウィンダムが一九五一年に発表した小説『トリフィド時代』（創元ＳＦ文庫）は古典的名作として知られています。その筋書きはこうです。ある夜、地球に大流星群が降り注ぎ、それを見た者はみな目が見えなくなってしまう。そのため、人間の文明は一夜にして崩壊した。追い討ちをかけるように、トリフィドが人間に襲いかかる。トリフィドとは人間の背丈以上もある大型の植物で、良質の油が採取できるために世界各地で栽培されていた。この植物の驚きの特徴は歩行できることだ。三本の太い根を巧みに使って地面から這い出し、まるで動物のように歩き、毒の蔓（つる）で動物を襲い、その屍（しかばね）を食らう。視覚を失った人々は、畑から脱走したトリフィドにやすやすと襲われてしまった。人間は感覚器官を一つ奪われるだけでいとも簡単に植物の餌食となってしまうのだ……。このトリフィドについて、本書の著者ステファノ・マンクーゾ氏なら、なんと言うでしょうか。

本書『植物は〈未来〉を知っている』は、イタリアで二〇一七年に刊行された、*Plant Revolution: Le piante hanno già inventato il nostro futuro*（植物革命——植物はすでに私たちの未来を創っている）の邦訳です。二〇一五年（原書刊行は二〇一三年）に邦訳が出版された同著者の『植物は〈知性〉をもっている』（ＮＨＫ出版）が入門編だとすれば、こちらは実践編と言えるでしょう。植物も知性を備えていること、つまり、植物はいかに賢いかをわかりやすく解説した前作に対して、今作は、植物と人間とのかかわりを具体的に示し、人類のすばらしい未来のためには植物がいかに必要不可欠かということを教えてくれます。本書を読めば、植物がもっている大きな可能性に驚かされ、「植物ってすごい！」と思わずつぶやいてしまうのではないでしょうか。植物をモデルにした植物型ロボットの開発、宇宙旅行と植物との密接なつながり、植物の独特の体の構造にもとづいた建築など、本書には、植物をヒントにした数々の試みの例が挙げられています。トウガラシの驚きの能力や無重力実験、海上温室のエピソードでは、マンクーゾ氏の私的な体験が赤裸に書かれていて、前作以上に笑いを誘われる場面も多いと思います。

さらに興味深いのは、マンクーゾ氏が、私たち人間の政治システムや組織構造についても植物がお手本になると提言している点です。植物の身体のような非ヒエラルキー構造をもとにした直接民主制こそが、今後の人間社会に必要なのではないかと説いているのです。私たちが生きているこのインターネット時代に、新たな直接民主制が個人の欲望をどのように取り込んでいくのか、集団の力学がもつ負の側面をどう乗り越えていくのかなど、大いに考えさせられるのではないでしょうか。

マンクーゾ氏によれば、植物が、人間の未来の希望となるくらいすばらしい特徴を身につけたのは、動物とまったく異なる進化の道筋をたどってきたからだということです。進化の途上で、動物は生存戦略として移動することを選びましたが、植物は移動せずにその場に根を張ることを選びました。そして生き延びるために、動物とは異なる独自の身体構造や生活スタイルを発達させていきました。冒頭で取り上げたトリフィドの話に戻れば、根を足のように巧みに使って歩行し、手のようなもので攻撃を加えるトリフィドに対して、マンクーゾ氏ならこう言うかもしれません。「そんなふうに動物の真似なんかしなくてもいいんだよ。植物は植物のままですごいのだから！」と。

現在、私たち人類は、環境問題やエネルギー問題、食料問題など、さまざまな難しい問題をかかえています。このままでは五十年後、百年後の人類は、いったいどうなってしまうのでしょう。それでもマンクーゾ氏は、はっきりとした希望をもち、今こそ植物からさまざまなことを学ぶときだと考えています。植物の体の構造や生き方、仲間どうしの関係性を学んでいくことで、人類はきっと数々の問題を解決し、困難を乗り越え、未来を切り開いていけるはずだと信じているのです。植物をお手本にして生きるというのは、原書のタイトルのとおりに「革命」的なアイデアで、にわかには受け入れがたいかもしれません。ですが、本書を読み終えた後では、きっと読者の皆さんもこのアイデアのすばらしい可能性について、充分に納得されていることでしょう。

最後に、マンクーゾ氏の最近の活動について少し紹介しておきましょう。ＬＩＮＶ（フィレンツェ大学付属国際植物ニューロバイオロジー研究所）の所長として植物の研究を続けるかたわら、これまで一般向けの本を次々に発表してきました。『植物は〈知性〉をもっている』をはじめ、古代から現代までの植物学者たちの列伝 *Uomini che amano le piante*（植物を愛する人間たち）（二〇一四年）、スローフードの提唱者カルロ・ペトリーニとの対談集 *Biodiversi*（生物多様性）（二〇一五年）、本書『植物は〈未来〉を知っている』（二〇一七年）、そして本書の後、*Botanica*（植物学）（二〇一七年）が刊行されました。*Botanica* は植物の能力と可能性について書かれたコンパクトな概説書ですが、これに合わせてマンクーゾ氏は、マルチメディアプロジェクト〈Botanica〉を展開しています。イタリアの音楽グループ〈Deproducers〉と組んで音楽アルバム *Botanica* を制作し、アンビエント風味のエレクトロニクス系ポストロックのこのアルバムでは、全体のコンセプトワークと歌詞をマンクーゾ氏が担当しているそうです。

植物研究者という枠を軽やかに飛び越えて、多彩な活動を行なうステファノ・マンクーゾ氏。今後どのような活動を見せてくれるのでしょうか。大いに期待したいところです。

本書の翻訳にあたっては大勢の方々のお力をお借りいたしました。特に、北九州市立大学の河野智謙教授、清水由貴子様、翻訳会社リベルの皆様、そしてＮＨＫ出版の松島倫明様、塩田知子様に、この場をお借りして心からお礼を申し上げます。

二〇一八年二月

久保耕司

参考文献

はじめに

C. Risen, *The world's most advanced building material is... wood. And it's going to remake skyline*, «Popular Science», 284 (3), 2014.

State of the world's plants. キューガーデンによる2016年の報告書。以下のサイトで閲覧可能。 https://stateoftheworldsplants.com/report/sotwp_2016.pdf.

第 1 章

A.-P. De Candolle, J. B. Lamarck, *Flore française ou descriptions succinctes de toutes les plantes qui croissent naturellement en France*, Paris 1805.

S. Lindquist *et al., Luminidependens (LD) is an arabidopsis protein with prion behavior*, «Proceedings of the National Academy of Sciences of the United States of America», 113 (21), 2016, pp. 6065-6070.

S. Mancuso *et al., Experience teaches plants to learn faster and forget slower in environments where it matters*, «Oecologia», 175 (1), 2014, pp. 63-72.

K.Y. Sanbonmatsu *et al., COOLAIR antisense RNAs from*

evolutionarily conserved elaborate secondary structures, «Cell Reports», 16 (12), 2016, pp. 3087-3096.

第 2 章

F. Baluška, S. Mancuso, D. Volkmann, *Communication in plants. Neuronal aspects of plant life*, Springer, Berlin 2006.

P.B. Barraclough, L.J. Clark, W.R. Whalley, *How do roots penetrate strong soil?* «Plant and Soil», 255, 2003, pp. 93-104.

A. Braun, *The vegetable individual, in its relation to species*, «The American Journal of Science and Arts», 19, 1855, pp. 297-318.

C. Darwin, *Journal of Researches into the Geology and Natural History of the Various Countries Visited by H.M.S. Beagle, under the Command of Captain Fitzroy, R.N., from 1832 to 1836*, Colburn, London 1839.〔チャールズ・ダーウィン『ビーグル号航海記　新訳』上・下、荒俣宏訳、平凡社、2013 年〕

E. Darwin, *Phytologia. Or the philosophy of agriculture and gardening*, Johnson, London 1800.

J. H. Fabre, *La plante. Leçons à mon fils sur la botanique*, Librairie Charles Delagrave, Paris 1876.〔アンリ・ファーブル『ファーブル博物記 5：植物のはなし』後平澪子、日高敏隆訳、岩波書店、2004 年〕

J.W. von Goethe, *Versuch die Metamorphose der Pflanzen zu erklären*,

C.W. Ettinger, Gotha 1790.〔J.W.v. ゲーテ『ゲーテ形態学論集・植物篇』木村直司訳、ちくま学芸文庫、2009 年〕

E.L. Greacen, J.S. Oh, *Physics of root growth*, «Nature New Biology», 235, 1972, pp. 24-25.

S. Mancuso *et al., Plant neurobiology. An integrated view of plant signaling*, «Trends in Plant Science», 11 (8), 2006, pp. 413-419.

S. Mancuso *et al., The plant as a biomechatronic system*, «Plant Signaling & Behavior», 5 (2), 2010, pp. 90-93.

S. Mancuso, B. Mazzolai, *Il plantoide. Un possibile prezioso robot ispirato al mondo vegetale*, «Atti dei Georgofili 2006», serie VIII, vol. 3, tomo II, 2007, pp. 223-234.

D. Murawski, *Genetic variation within tropical tree crowns,* in *Biologie d'une canopée de forêt équatoriale. III: rapport de la mission d'exploration scientifique de la canopée de Guyane, octobre-décembre 1996*, a cura di F. Hallé *et al.*, Pronatura International e Opération canopée, Paris-Lyon 1998.

第 3 章

F. Baluška, S. Mancuso, *Vision in plants via plant-specific ocelli?* «Trends in Plant Science», 21 (9), 2016, pp. 727-730.

——, *Plant ocelli for visually guided plant behavior*, «Trends in Plant Science», 22 (1), 2017, pp. 5-6.

C.M. Benbrook, *Trends in glyphosate herbicide use in the United States and globally*, «Environmental Sciences Europe», 28 (1), 2016, p. 3.

S.P. Brown, W.D. Hamilton, *Autumn tree colours as a handicap signal*, «Proceedings of the Royal Society of London B», 268 (1475), 2001, pp. 1489-1493.

F. Darwin, *Lectures on the physiology of movement in plants. V. The sense-organs for gravity and light*, «New Phytologist», 6, 1907, pp. 69-76.

G.S. Gavelis *et al.*, *Eye-like ocelloids are built from different endosymbiotically acquired components*, «Nature», 523 (7559), 2015, pp. 204-207.

G. Haberlandt, *Die Lichtsinnesorgane der Laubblätter*, W. Engelmann, Leipzig 1905.

S. Hayakawa *et al.*, *Function and evolutionary origin of unicellular camera-type eye structure*, «Plos ONE», 10 (3), 2015.

S. Mancuso, *Uomini che amano le piante. Storie di scienziati del mondo vegetale*, Giunti, Firenze-Milano 2014.

S. Mancuso, A. Viola, *Verde brillante. Sensibilità e intelligenza del mondo vegetale*, Giunti, Firenze-Milano 2013.〔ステファノ・マンクーゾ、アレッサンドラ・ヴィオラ『植物は〈知性〉をもっている』久保耕司訳、NHK 出版、2015 年〕

N. Schuergers *et al.*, *Cyanobacteria use micro-optics to sense light*

direction, «eLife», 5, 2016.

N.I. Vavilov, *Origin and geography of cultivated plants*, Cambridge University Press, Cambridge 1992.

H. Wager, *The perception of light in plants*, «Annals of Botany», 23 (3), 1909, pp. 459-490.

第 4 章

F. Darwin, *The Address of the President of the British Association for the Advancement of Science*, «Science – New series», 716 (28), 1908, pp. 353-362.

C. Dawson, A.-M. Rocca, J.F.V. Vincent, *How pine cones open,* «Nature», 390, 1997, p. 668.

M. Ma *et al., Bio-inspired polymer composite actuator and generator driven by water gradients*, «Science», 339 (6116), 2013, pp. 186-189.

S. Mancuso *et al., Subsurface investigation and interaction by self-burying bio-inspired probes. Self-burial strategy and performance in Erodium cicutarium – SeeDriller. Final report*, Esa act, 2014.　以下のサイトで閲覧可能。www.esa.int/gsp/ACT/doc/ARI/ARI%20Study%20Report/ACT-RPT-BIO-ARI-12-6401-selfburying.pdf.

C. Robertson McClung, *Plant circadian rhythms*, «The Plant Cell», 18 (4), 2006, pp. 792-803.

第 5 章

H. Boecker *et al., The runner's high. Opioidergic mechanisms in the human brain*, «Cerebral Cortex», 18 (11), 2008, pp. 2523-2531.

N.K. Byrnes, J.E. Hayes, *Personality factors predict spicy food liking and intake*, «Food Quality and Preference», 28 (1), 2013, pp. 213-221.

F. Delpino, *Rapporti tra insetti e nettari extranuziali nelle piante*, «Bollettino della Società Entomologica Italiana», 6, 1874, pp. 234-239.

M. Dicke, L.M. Schoonhoven, Joop J.A. van Loon, *Insect-plant biology*, Oxford University Press, Oxford 2005.

M. Nepi, *Beyond nectar sweetness. The hidden ecological role of non-protein amino acids in nectar*, «Journal of Ecology», 102 (1), 2014, pp. 108-115.

S.W. Nicolson, R.W. Thornburg, *Nectar chemistry,* in *Nectaries and nectar*, S.W. Nicolson, M. Nepi, E. Pacini 編, Springer, Dordrecht 2007, pp. 215-264.

P.S. Oliveira, V. Rico-Gray, *The ecology and evolution of ant-plant interactions*, The University of Chicago Press, Chicago 2007.

W.L. Scoville, *Note on capsicums*, «The Journal of the American Pharmaceutical Association», 1 (5), 1912, pp. 453-454.

第 6 章

J. Almenberg, T. Pfeiffer, *Prediction markets and their potential role in biomedical research. A review*, «Biosystems», 102 (2-3), 2010, pp. 71-76.

K.J. Arrow *et al., Economics. The promise of prediction markets*, «Science», 320 (5878), 2008, pp. 877-878.

F. Baluška, S. Lev-Yadun, S. Mancuso, *Swarm intelligence in plant roots*, «Trends in Ecology and Evolution», 25 (12), 2010, pp. 682-683.

E. Bonabeau, M. Dorigo, G. Theraulaz, *Swarm intelligence. From natural to artificial systems*, Oxford University Press, Oxford 1999.

J.L. Borges, *El idioma analítico de John Wilkins,* in *Otras inquisiciones (1937-1952)*, Sur, Buenos Aires 1952.〔J・L・ボルヘス『異端審問』中村健二訳、晶文社、1982 年〕

R.J.G. Clément *et al., Collective cognition in humans. Groups outperform their best members in a sentence reconstruction task*, «Plos ONE», 8 (10), 2013.

L. Conradt, T.J. Roper, *Group decision-making in animals*, «Nature», 421, 2003, pp. 155-158.

I.D. Couzin, *Collective cognition in animal groups*, «Trends in Cognitive Sciences», 13 (1), 2009, pp. 36-43.

C. Darwin, *The correspondence of Charles Darwin. Vol. 2: 1837-1843*, F. Burkhardt, S. Smith 編, Cambridge University Press, Cambridge 1987.

N. Epley, N. Klein, *Group discussion improves lie detection*, «Proceedings of the National Academy of Sciences of the United States of America», 112 (24), 2015, pp. 7460-7465.

B. Franklin, *From Benjamin Franklin to Jonathan Williams, Jr., 8 April 1779,* in *The papers of Benjamin Franklin. Vol. 29: March 1 through June 30, 1779*, B.B. Oberg 編, Yale University Press, New Haven-London 1992, pp. 283-284.

D.A. Garvin, K.R. Lakhani, E. Lonstein, *TopCoder (A). Developing software through crowdsourcing*, «Harvard Business School Case Collection», case n. 610-032, 2010.

G. Gigerenzer, *Gut feelings. The intelligence of the unconscious*, Viking Books, New York 2007.

F. Hallé, *Éloge de la plante. Pour une nouvelle biologie*, Seuil, Paris 1999.

N.L. Kerr, R.S. Tindale, *Group performance and decision making*, «Annual Review of Psychology», 55, 2004, pp. 623-655.

J. Krause, S. Krause, G.D. Ruxton, *Swarm intelligence in animals and humans*, «Trends in Ecology and Evolution», 25 (1), 2010, pp. 28-34.

S. Mancuso *et al., Swarming behavior in plant roots*, «Plos ONE», 7

(1), 2012.

B. Mellers *et al.*, *Psychological strategies for winning a geopolitical forecasting tournament*, «Psychological Science», 25 (5), 2014, pp. 1106-1115.

Plant roots. The hidden half, T. Beeckman, A. Eshel 編, 2013, CRC Press, Boca Raton 2013.

Platone, *Protagora*, M.L. Chiesara 編, BUR Rizzoli, Milano 2010, p. 123.
〔プラトン『プロタゴラス』藤沢令夫訳、岩波文庫、1988 年〕

J. Surowiecki, *The wisdom of crowds. Why the many are smarter than the few and how collective wisdom shapes business, economies, societies and nations*, Doubleday, New York 2004.

M. Wolf *et al.*, *Accurate decisions in an uncertain world. Collective cognition increases true positives while decreasing false positives*, «Proceedings of the Royal Society of London B», 280 (1756), 2013.

——, *Collective intelligence meets medical decision-making. The collective outperforms the best radiologist*, «Plos ONE», 10 (8), 2015.

——, *Detection accuracy of collective intelligence assessments for skin cancer diagnosis*, «JAMA Dermatology», 151 (12), 2015, pp. 1346-1353.

——, *Boosting medical diagnostics by pooling independent judgments*,

«Proceedings of the National Academy of Sciences of the United States of America», 113 (31), 2016, pp. 8777-8782.

A.W. Woolley *et al.*, *Evidence for a collective intelligence factor in the performance of human groups*, «Science», 330 (6004), 2010, pp. 686-688.

第 7 章

M. Dacke, T. Nørgaard, *Fog-basking behaviour and water collection efficiency in Namib desert darkling beetles*, «Frontiers in Zoology», 7 (23), 2010.

J.D. Hooker, *On Welwitschia, a new genus of Gnetaceae*, «Transactions of the Linnean Society of London», 24 (1), 1863, pp. 1-48.

J. Ju *et al.*, *A multi-structural and multi-functional integrated fog collection system in cactus*, «Nature Communications», 3 (1247), 2012.

Leonardo da Vinci, *Trattato della pittura. Parte VI: Degli alberi e delle verdure. N. 833: Della scorza degli alberi*, Newton Compton, Roma 2015.

Life and letters of Sir Joseph Dalton Hooker. Vol. 2, L. Huxley 編, John Murray, London 1918, p. 25.

Y. Zheng *et al.*, *Directional water collection on wetted spider silk*, «Nature», 463, 2010, pp. 640-643.

第 8 章

E.E. Aldrin, N. Armstrong, M. Collins, *First on the moon. A voyage with Neil Armstrong, Michael Collins and Edwin E. Aldrin, Jr.*, Little, Brown and Company, New York 1970. 〔アームストロング、コリンズ、オルドリン『大いなる一歩　アポロ 11 号全記録』日下実男訳、早川書房、1973 年〕

I. Asimov, *Pebble in the Sky*, Doubleday, New York 1950.〔アイザック・アシモフ『宇宙の小石』高橋豊訳、ハヤカワ文庫、1984 年〕

P.W. Barlow, *Gravity perception in plants. A multiplicity of systems derived by evolution?* «Plant, Cell & Environment», 18 (9), 1995, pp. 951-962.

S.I. Bartsev, E. Hua, H. Liu, *Conceptual design of a bioregenerative life support system containing crops and silkworms*, «Advances in Space Research», 45 (7), 2010, pp. 929-939.

S. Mancuso *et al.*, *Root apex transition zone. A signalling-response nexus in the root*, «Trends in Plant Science», 15 (7), 2010, pp. 402-408.

S. Mancuso *et al.*, *Gravity affects the closure of the traps in Dionaea muscipula*, «Biomed Research International», 2014. 以下のサイトで閲覧可能。 www.hindawi.com/journals/bmri/2014/964203/.

S. Mancuso *et al., The electrical network of maize root apex is gravity dependent*, «Scientific Reports», 5 (7730), 2015.

第 9 章

K.G. Cassman, K.M. Eskridge, P. Grassini, *Distinguishing between yield advances and yield plateaus in historical crop production trends*, «Nature Communications», 4 (2918), 2013.

C.P. Kelley *et al., Climate change in the Fertile Crescent and implications of the recent Syrian drought*, «Proceedings of the National Academy of Sciences of the United States of America», 112 (11), 2015, pp. 3241-3246.

Land concentration, land grabbing and people's struggles in Europe. Transnational Institute による 2013 年の報告書。以下のサイトで閲覧可能。 www.tni.org/en/publication/land-concentration-land-grabbing-and-peoples-struggles-in-europe-0.

C. Lesk, N. Ramankutty, P. Rowhani, *Influence of extreme weather disasters on global crop production*, «Nature», 529 (7584), 2016, pp. 84-87.

M. Qadir *et al., Productivity enhancement of salt-affected environments through crop diversification*, «Land Degradation and Development», 19 (4), 2008, pp. 429-453.

K. Riadh *et al., Responses of halophytes to environmental stresses*

with special emphasis to salinity, «Advances in Botanical Research», 53, 2010, pp. 117-145.

D. Ricardo, *On the principles of political economy and taxation*, John Murray, London 1817.〔D. リカードウ『経済学および課税の原理』羽鳥卓也、吉沢芳樹訳、岩波文庫、1987 年〕

C.J. Ruan *et al., Halophyte improvement for a salinized world*, «Critical Reviews in Plant Sciences», 29 (6), 2010, pp. 329-359.

The Global Risks. 世界経済フォーラムによる2016年の報告書。以下のサイトで閲覧可能。
http://reports.weforum.org/global-risks-2016/

D.F. Wallace, *Questa è l'acqua*, Einaudi, Torino 2009.

※ URL は 2017 年 3 月の原書刊行時のものです。

本書で使用した画像の出典

とくに記載のない画像は、原書出版社のジュンティ社資料館の管理下にある。

著者提供：
pp. 10, 31, 38-39, 53, 59（2点）, 62-63, 75, 79（2点）, 86（右）, 90, 94-95, 106（2点）, 107, 110, 114, 115, 119, 122-123, 126, 127, 131, 147, 150, 154-155, 162, 166, 171, 178, 194, 202-203, 207, 210, 223, 226, 230, 231, 242, 244, 245, 250, 251, 254（カバーそで）, 275, 278, 279

pp. 18-19 © Peter Owen / EyeEm / Getty Images
p. 27 © Shutterstock / Bankolo5
p. 43（上）© De Agostini / Getty Images
p. 43（下）© Lebrecht Music & Arts / Contrasto
p. 51 © Labrina / Creative Commons
p. 67 © Flickr / Wikimedia Commons
p. 71（左）© blickwinkel / Alamy Stock Photo / IPA
p. 71（右）© Shutterstock / vaivirga
p. 76 © Paul Zahl / National Geographic / Getty Images
p. 83 © Shutterstock / ChWeiss
p. 86（左）© UIG / Getty Images
p. 87 © Pal Hermansen / NPL / Contrasto
p. 91 © Bill Barksdale / Agefotostock
p. 98 © SSPL / National Media Museum / Getty Images
p. 102 © SSPL / Florilegius / Getty Images
p. 130 © Morley Read / Getty Images
p. 138 © Visuals Unlimited / NPL / Contrasto
p. 139 © Shutterstock / Lenscap Photography
p. 169 © Shutterstock / Hristo Rusev
p. 172 © Stuart Wilson / Science Source / Getty Images
p. 181 © Martin Ruegner / IFA-Bilderteam / Getty Images
p. 198 © The Opte Project / Wikimedia Commons
p. 211 © Hulton Deutsch / Getty Images
p. 213 © George Rinhart / Getty Images
p. 221 © UIG / Getty Images
p. 227 © Juan Carlos Munoz / NPL / Contrasto
pp. 258-259 © Shutterstock / Peter Wey
p. 263 © Andrii Shevchuk / Alamy Stock Photo / IPA
p. 267 © Shutterstock / Darren J. Bradley
p. 270 © Shutterstock / Atonen Gala
p. 271 © Peter Chadwick / SPL / Contrasto

p. 1 © SPL / PPL通信社

著者

ステファノ・マンクーゾ　Stefano Mancuso

イタリア、フィレンツェ大学農学部教授、フィレンツェ農芸学会正会員。フィレンツェ大学付属国際植物ニューロバイオロジー研究所（LINV）の所長を務め、また国際的な「植物の信号と行動学会」（The Society of Plant Signaling & Behavior）の創設者のひとり。本書でも紹介される画期的なプロジェクト「クラゲ形の浮遊船（Jelly Fish Barge）」は、2015年のミラノ国際博覧会で注目された。これは、水面に浮かんだ組み立て式の温室で、太陽光発電の海水淡水化装置を使って植物を栽培するもの。また、本国イタリアや日本でもベストセラーとなった『植物は〈知性〉をもっている』ほか多数の著作があり、国際誌に250以上の研究論文が掲載された。*La Repubblica* 紙で、2012年の「私たちの生活を変えるにちがいない20人のイタリア人」のひとりに選ばれている。

訳者

久保 耕司（くぼ・こうじ）

翻訳家。1967年生まれ。北海道大学卒。訳書にマンクーゾ『植物は〈知性〉をもっている』（ＮＨＫ出版）、ザッケローニ『ザッケローニの哲学』（PHP研究所）、トナーニ『モンド９』、マサーリ『世の終わりの真珠』（以上シーライト・パブリッシング）、パラッキーニ『プラダ 選ばれる理由』（実業之日本社）など。

協力

河野 智謙（かわの・とものり）

北九州市立大学国際環境工学部環境生命工学科教授。国際光合成産業化研究センター長。フィレンツェ大学付属国際植物ニューロバイオロジー研究所（LINV）北九州研究センター長。日・仏・伊で活動する創作集団、チーム・オッキ・ミーチョ（猫の目、team occhi micio）代表。現在、パリのストリートアートのフォトブックを製作中。

翻訳協力

株式会社リベル

校正

酒井 清一

本文組版

天龍社

編集協力

奥村 育美

植物は〈未来〉を知っている
9つの能力から芽生えるテクノロジー革命

2018年3月25日　第1刷発行
2021年6月25日　第3刷発行

著　者　ステファノ・マンクーゾ

訳　者　久保耕司

発行者　森永公紀

発行所　NHK出版
〒150-8081　東京都渋谷区宇田川町41－1
TEL 0570-009-321（問い合わせ）
0570-000-321（注文）
ホームページ　https://www.nhk-book.co.jp
振替　00110-1-49701

印　刷　大熊整美堂

製　本　ブックアート

Printed in Japan
ISBN978-4-14-081733-9 C0045